星出版

新觀點
新思維
新眼界

千腦智能新理論

A THOUSAND BRAINS

A NEW THEORY OF
INTELLIGENCE

傑夫·霍金斯
Jeff Hawkins 著

許瑞宋 譯

目錄

推薦序 一本關於大腦如何運作的書，開啟你的智慧
理查・道金斯 Richard Dawkins　　005

第一部 對大腦的新理解　　015

1　舊腦 — 新腦　　029

2　蒙卡索的大觀念　　041

3　你頭腦裡的世界模型　　051

4　揭開大腦的祕密　　065

5　大腦裡的地圖　　087

6　概念、語言與高階思維　　103

7　千腦智能理論　　129

第二部 機器智能　　157

8　為什麼現今的 AI 沒有 I　　163

9　當機器有了意識　　185

10　機器智能的未來　　199

11　機器智能的存在風險　　219

第三部 人類智能   233

    12   錯誤的信念   237

    13   人類智能的存在風險   253

    14   人腦與機器融合   271

    15   人類遺產規劃   285

    16   基因 vs. 知識   305

結語   **我寫這本書的目的**   329

推薦讀物   335

謝辭   347

一本關於大腦如何運作的書，開啟你的智慧

理查・道金斯 Richard Dawkins，
演化生物學家、英國皇家學會會士

不要在睡前看這本書。這不是因為它很嚇人，它不會使你發惡夢，但它是如此令人興奮、如此刺激，會把你的頭腦變成一個漩渦，裡面滿是令人興奮的刺激想法──你會想衝出去告訴別人，而不是去睡覺。撰寫本篇序言的人正是這個漩渦的受害者，而我估計你會看得出來。

查爾斯・達爾文（Charles Darwin）在科學家當中不同尋常，因為他有辦法在大學之外從事研究，而且不必領取政府的研究資助。傑夫・霍金斯可能不喜歡被稱為矽谷的紳士科學家，但是──嗯，你應該明白他與達爾文的相似之處。達爾文強大的演化論太革命性了，以一篇短文表達根本無法受到重視，1858年達爾文與阿爾弗雷德・羅素・華萊士（Alfred Russel Wallace）聯合發表的論文幾

乎被忽略了。正如達爾文自己所說，這個理論需要以一本書的篇幅來表達。果然，一年之後，他的巨作面世，動搖了維多利亞時代的根基。傑夫・霍金斯的千腦理論，也需要以一本書的篇幅闡述。他的參考框架概念，還有「思考這項行為本身是一種運動」，可說是正中紅心！這兩個概念都很深刻，每一個都足以寫成一本書，但霍金斯的慧見並非僅此而已。

赫胥黎（T. H. Huxley）看完《物種起源》（*On the Origin of Species*）之後留下了一句名言：「我沒想到這個，真是蠢透了。」我並不是想說腦科學家看完霍金斯這本書後也一定會這麼說。這本書提出了許多令人興奮的想法，不像《物種起源》那樣只提出一個極其重要的大觀念。

我估計，除了赫胥黎本人，他三個傑出的孫子也會喜歡這本書：安德魯會喜歡，是因為他發現了神經脈衝的運作原理（霍奇金與赫胥黎是神經系統領域的華生與克里克）；＊阿道斯會喜歡，是因為他富想像力和詩意的旅行去到了心靈最深處；朱利安會喜歡，是因為他寫了下列這首詩，讚頌大腦建構現實的模型、創造一種宇宙縮影的能力：

＊ 詹姆斯・華生（James Watson）與法蘭西斯・克里克（Francis Crick）共同發現了脫氧核醣核酸（DNA）的雙螺旋結構。

世間萬物進入你嬰孩般的頭腦
為那個水晶櫃填入東西。
最奇怪的夥伴在其壁內相會，
事物轉化為思想，繁衍同類。

因為，一旦進入，物質事實可以找到
一種精神。事實與你彼此相欠
在那裡構築你的小小宇宙——它還
有最大的重任分配給小小的自己。

亡者可以活在那裡，與星星對話：
赤道與極地交談，黑夜與白晝對話；
精神消解了世界的物質束縛——
無數的隔閡燒毀了。
宇宙可以活著、運作和計畫，
最後在人類頭腦中構造出上帝。

　　大腦處於黑暗中，只能經由安德魯‧赫胥黎研究的神經脈衝電暴來認識外部世界。來自眼睛的神經脈衝與來自耳朵或大腳趾的神經脈衝沒什麼不同，是大腦負責處理它們的部分將它們區分開來。傑夫‧霍金斯不是第一個科學家或哲學家提出這個想法：我們所感知的現實是一種建構的現實（constructed reality）、是一種模型，仰賴感官持續提供資訊和更新內容。但我認為，霍金斯是雄辯地闡明了下列觀點的第一個人：這種模型不是只有一個，而是有成千上萬個，而構成大腦皮質、整齊堆立的大量皮質柱每個都有一個。一個人的大腦約有

15萬個皮質柱，它們和霍金斯所說的「參考框架」是本書第一部的主角。霍金斯關於這兩者的論述是很刺激的，觀察其他腦科學家的反應因此會是非常有趣的事——我估計他們會有好評。霍金斯非常迷人的一個觀點是：皮質柱在它們為世界建立模型的活動中，是半自主地運作。「我們」的感知，是源自皮質柱之間的一種民主共識。

大腦中的民主？共識，甚至爭執？多麼驚人的想法。這是本書的一個重要主題。我們人類哺乳動物是一種經常性爭執的受害者：古老的爬蟲類腦不時與哺乳類新皮質角力，前者無意識地運行生存機器，後者則彷彿可以駕馭前者。這個哺乳類新腦——大腦皮質——會思考，它是意識所在之處，能夠意識到過去、現在和未來，並向舊腦發出指令，由後者來執行。

舊腦受天擇教育數百萬年之久，期間糖是珍貴和對生存非常有用之物，舊腦因此會說：「蛋糕。想吃蛋糕。嗯，蛋糕。給我。」新腦在短短數十年間受書籍和醫師教育，期間糖有氾濫之虞，它因此會說：「不，不。不能吃蛋糕。不可以。請不要吃那個蛋糕。」舊腦說：「痛，痛，可怕的疼痛，立即止痛。」新腦說：「不，不，要忍受酷刑，不能背叛國家向敵人投降。忠於國家和戰友甚至比保住自己的性命重要。」

　　爬蟲類舊腦與哺乳類新腦之間的衝突，解答了「疼痛為什麼必須真他媽的痛」之類的謎。說到底，疼痛的目的是什麼？疼痛是一種死亡提示。它是對大腦的一種警告：「不要再做這種事了：不要逗蛇，不要拿起還在燒的碳，不要從高處跳下。這一次你只是受傷，下一次可能送了性命。」但是，設計工程師此時可能會說，針對這種情況，大腦需要的或許是一種無痛警示。警示出現時，就不要再做那種危險的事。然而，我們實際得到的不是工程師主張的那種輕鬆和無痛的警示，而是疼痛──而且往往是極其強烈、無法忍受的疼痛。為什麼？合情合理的無痛警示有什麼問題？

　　答案很可能在於大腦決策過程的爭執性質，在於舊腦與新腦之間的角力。如果新腦可以非常輕鬆地否決舊腦的意願，無痛的警示系統就會行不通。酷刑也不行。

　　在那種情況下，如果新腦出於某種原因「想要那麼做」，它將可以隨意無視假想中的警示，無限地忍受蜜蜂螫刺、腳踝扭傷或施暴者的酷刑。確實「在乎」生存以傳承基因的舊腦，或許只能徒勞地「抗議」。也許出於生存之必要，天擇使疼痛變得真他媽的痛，痛到新腦無法否決舊腦的意願，確保了舊腦的「勝利」。再舉個例子：如果舊腦「意識到」刻意避孕背叛了性行為的達爾文目的，戴保險

套這個動作將導致無法忍受的疼痛。

霍金斯站在多數有見識的科學家和哲學家那一邊,對二元論非常不屑,認為沒有所謂的「機器中的幽靈」(ghost in the machine),沒有那種可怕的靈魂,因為獨立於硬體,可以在硬體死亡之後存活下去,也沒有笛卡爾劇場〔丹尼爾·丹尼特(Daniel Dennett)的用語〕,有個彩色螢幕向在觀看的自我播出展現世界面貌的影片。霍金斯提出了他的想法:大腦中的世界模型、建構的小宇宙有許多個,它們由從感官湧入的大量神經脈衝提供資訊和調整內容。順帶一提,霍金斯並不認為長遠而言,人類絕對不可能藉由將大腦上傳到電腦來逃避死亡,但他認為這不會是很有趣的事。

在大腦的模型中,身體本身的模型是比較重要的其中一類,負責處理身體本身的運動如何改變我們對頭骨獄牆之外世界的看法(這是此類模型的必要功能。)這與本書中間部分重點關注的機器智能有關。霍金斯和我一樣,非常尊重那些才智出眾者(包括他和我的一些朋友),他們擔心未來將出現取代我們、征服我們或甚至完全消滅我們的超級智慧型機器。但霍金斯並不害怕這種機器,部分原因在於那種稱雄西洋棋或圍棋的能力,並不是那種能夠應付現實世界的複雜性的能力。不會下棋的孩子「知道液體如何溢出,球如何滾動,狗如何吠叫。

他們知道如何使用鉛筆、麥克筆、紙和膠水。他們知道如何打開書本，也知道紙是可以撕開的。」他們有一種自我意象，這種身體意象將他們置於物質現實世界中，使他們能夠輕鬆穿行其中。

霍金斯並不是低估了人工智慧和未來機器人的力量，恰恰相反。但他認為，現今多數研究走錯了路；在他看來，正確的做法是了解大腦的運作方式，然後加以借用，但大大加快速度。

而我們沒有理由借用舊腦的運作方式，借用其欲望與飢渴、渴望與憤怒、感覺與恐懼（請真的不要做這種事），因為它們可能驅使我們走上新腦視為有害的道路。至少從霍金斯和我（以及幾乎肯定還有你）所珍視的角度來看，那是有害的。因為霍金斯非常清楚，我們開明的價值觀必須與我們自私的基因的首要和原始的價值觀──不惜一切代價繁殖的原始渴求──大相逕庭（事實也確實如此。）在他看來（我估計這會有爭議），如果沒有舊腦，我們就沒有理由預期人工智慧對我們懷有惡意。同樣道理，他不認為關掉有意識的人工智慧會是謀殺（這也可能會有爭議）：如果沒有舊腦，它為什麼會感到恐懼或悲傷？為什麼會想要生存？

在第16章〈基因vs.知識〉中，我們明確看到了舊腦的目標（為自私的基因服務）與新腦目標（知識）之間的巨大差異。人類大腦皮質的榮耀在

於它有能力違抗自私基因的命令——這在所有動物當中是獨一無二的，在地質年代當中是前所未有的。我們可以享受性生活而不生育。我們可以把我們的生命奉獻給哲學、數學、詩歌、天體物理學、音樂、地質學或人類愛的溫暖，無視舊腦源自遺傳的敦促——舊腦告訴我們，這些活動都是浪費時間，這些時間「應該」用來與對手戰鬥和追求多個性伴侶。霍金斯寫道：「在我看來，我們必須作一項重大抉擇：選擇偏向舊腦或偏向新腦。較具體而言，我們是希望我們的未來受天擇、競爭和自私的基因所驅動（我們藉由這些過程走到現在），還是受智能和它理解世界的渴望所驅動？」

　　我在文首引用了赫胥黎看完達爾文《物種起源》之後討喜的謙虛評論，在此我要以霍金斯許多迷人想法的其中一個來結束本文，他只用短短篇幅就闡述完畢，使我想要附和赫胥黎的話。霍金斯覺得，我們需要樹立一塊宇宙墓碑，告訴外星文明我們在這裡存在過，而且有能力宣布此一事實。他指出，所有文明都是短暫的。在宇宙時間的尺度上，一個文明從發明電磁通訊到它消亡就像螢火蟲閃一下光那麼久。一個文明與另一個文明同時閃光的可能性小到令人遺憾。因此，我們需要發出的訊息並非「我們正在這裡」，而是「我們曾經在這裡」，這正是為什麼我稱之為「墓碑」。這塊墓碑持續樹

立的時間必須是宇宙尺度的，不能只是在幾個秒差距之外可見（1秒差距約為3.26光年），而是必須持續數百萬或甚至數十億年，以便在人類滅絕很久之後，其他智慧閃光仍有機會注意到它發出的訊息。廣播質數或π的數字是不行的，反正不能是無線電訊號或脈衝雷射光束。它們無疑可以宣告生物智能的存在，這正是為什麼它們是尋找外星智慧（the search for extraterrestrial intelligence, SETI）和科幻小說的常用手段，但它們太短暫和太當下了。那麼，什麼訊號可以持續夠久，而且可以在極遠之處從任何方向探測到？霍金斯正是在這裡喚起我內心的赫胥黎。

　　這在今天是做不到的，但在未來，在我們的螢火蟲之光消失之前，我們可以將一系列的衛星送入繞著太陽運行的軌道，「以一種不會自然發生的模式擋掉一些陽光。這些軌道上的陽光阻擋器，將持續圍繞太陽運行數百萬年，在人類滅絕很久之後，仍然可以在很遠的地方探測到。」即使這些本影衛星（umbral satellites）的間距不是一系列的質數，仍可明確無誤地發出這個訊息：「有智慧的生命在此存在過。」

　　我覺得特別令人歡喜的是，以尖峰之間的間隔模式編碼的宇宙訊息（在霍金斯的例子中是反尖峰，因為他的衛星會阻擋陽光），使用的代碼將與

神經元相同。我把這個小發現獻給霍金斯，感謝他的這本傑作帶給我許多樂趣。

　　這是一本關於大腦如何運作的書。它刺激讀者思考，令人振奮歡喜。

第一部
對大腦的新理解

你頭腦裡的細胞正在閱讀這些文字，想想這是多麼了不起的事。細胞相當簡單。單個細胞不能閱讀，不能思考，也不能做很多事。但是，如果有足夠多的細胞構成一個大腦，它們就不但能夠讀書，還能夠寫書。它們還能設計建築物、發明技術，以及破解宇宙的奧祕。一個由簡單細胞構成的大腦如何創造出智能？這個問題極有意思，至今仍是個謎。

　　了解大腦如何運作，被視為人類的一大挑戰。此一探索催生了數十個國家和國際層面的計畫，包括歐洲的人腦計畫（Human Brain Project）和國際大腦計畫（International Brain Initiative）。數以萬計的神經科學家致力於數十個專業領域的研究，希望了解大腦，而世界上幾乎每一個國家都有這種研究者。雖然這些神經科學家研究不同動物的大腦並嘗試回答不同的問題，但神經科學的最終目標是了解人腦如何產生人類智能。

　　你可能對我聲稱人腦仍是個謎感到驚訝。每年都有人宣布與大腦有關的新發現，出版關於大腦的新書，而相關領域如人工智慧的研究人員則聲稱他們的創造物已經逼近老鼠或貓的智能，這很容易使人認為科學家對大腦的運作方式已有不錯的認識。但如果你問神經科學家，他們幾乎全都會承認，我們至今仍不清楚；雖然我們已經掌握了關於大腦的

大量知識和事實，但我們對整個大腦的運作方式仍然知之甚少。

1979年，因研究DNA而聞名的法蘭西斯・克里克（Francis Crick）寫了一篇關於腦科學狀態的文章，題為〈思考大腦〉（"Thinking About the Brain"）。他描述了科學家蒐集的關於大腦的大量事實，但總結道：「雖然細節知識持續積累，但人腦如何運作仍然非常神祕。」他接著說：「我們顯然欠缺一個大觀念框架來理解這些結果。」

克里克觀察到，科學家已經蒐集關於大腦的資料數十年之久。他們知道大量事實，但沒有人知道如何將這些事實組合成有意義的東西。大腦就像一幅巨大的拼圖，有成千上萬片。拼圖片就在我們眼前，但我們無法理解。沒有人知道答案應該是怎樣的。根據克里克的說法，大腦之所以是個謎，不是因為我們沒有蒐集到足夠的資料，而是因為我們不知道如何處理手頭的拼圖片。在克里克寫下這篇文章後的四十年裡，腦科學有許多重大發現，我將在後面談到其中幾項，但整體而言，克里克的見解至今還是正確的。大腦裡的細胞如何產生智能？這目前仍是個深奧的謎。隨著我們累積的拼圖片逐年增加，我們對大腦的理解有時反而像是不進反退。

我年輕時讀過克里克那篇文章，深受啟發。我覺得我們可以在我有生之年解開大腦之謎，而從那

時起，我就一直致力於這項目標。過去十五年裡，我在矽谷領導一支研究團隊，研究大腦裡被稱為新皮質的部分。新皮質約占人腦體積70％，負責我們認為與智能有關的一切，包括我們的視覺、觸覺和聽覺，以及所有形式的語言，以至數學和哲學之類的抽象思考。我們的研究目標是具體了解新皮質的運作原理，以便我們能夠解釋大腦的生物學，並建造運作原理相同的智慧型機器。

2016年初，因為認識上有所突破，我們的研究大有進展。我們認識到，我們和其他科學家都忽略了一個關鍵要素。因為這項新洞見，我們明白了拼圖片應該如何拼起來。換句話說，我相信我們發現了克里克所說的框架，而這個框架不但解釋了新皮質的基本運作原理，還賦予我們一種思考智能的新方式。我們還沒建立一個關於大腦的完整理論──遠遠沒有。科學領域往往始於理論框架，而細節是隨後研究出來的。最著名的例子可能是達爾文的演化論，達爾文先提出關於物種起源的大膽新構想，而相關細節，例如基因和DNA如何運作，則是許多年後才明瞭的。

為了能有智能，大腦必須了解關於世界的許多東西。我說的並非只是我們在學校學到的東西，還包括基本事物，例如日常物品的外觀、聲音，以及予我們的感覺。我們必須了解物品的運作方式，例

如門窗怎麼打開和關閉，以至我們觸碰智慧型手機
螢幕上的應用程式時，它們會有什麼反應。我們必
須了解現實中各種東西的位置，包括個人物品放在
家裡的什麼角落，以至圖書館和郵局在社區裡的位
置。當然，我們還學習較高層次的概念，例如「憐
憫」和「政府」的涵義。除此之外，我們每個人都
學了成千上萬個詞語的意思。我們每個人都掌握關
於這個世界的大量知識。我們的一些基本技能是基
因決定的，例如進食，或畏縮以避免疼痛；但我們
對世界的大部分認識是後天學來的。

　　科學家說，大腦習得一個世界的模型。「模
型」一詞意味著我們所知道的並非只是零散的一堆
事實，而是以一種反映世界（及其所有事物）的結
構的方式組織起來。例如要知道什麼是自行車，我
們並不是記住關於自行車的一堆事實，而是由我們
的大腦建立一個自行車的模型，內容包括自行車有
哪些零組件、這些零組件的相對位置，以及它們如
何移動和協調運作。為了認得一種東西，我們必須
先了解其外觀和予我們的感覺；為了達成目標，我
們必須知道我們與世上各種事物互動時，它們通常
會有什麼反應。智能與大腦的世界模型密切相關；
因此，為了明白大腦如何創造智能，我們必須釐清
由簡單細胞構成的大腦如何習得一個世界（及其所
有事物）的模型。

我們2016年的發現解釋了大腦如何習得這個模型。我們推斷，新皮質利用「參考框架」（reference frames）這種東西儲存我們所知道的一切，儲存我們所有的知識。我稍後將詳細解釋這一點，這裡且以紙本地圖作類比略微解釋。地圖是一種模型：一座城鎮的地圖是這座城鎮的模型，而格線（例如經緯線）是一種參考框架。地圖的格線，其參考框架，構成地圖的結構。參考框架告訴你事物相對於彼此的位置，也可以告訴你如何達成目標，例如怎麼從一個位置去到另一個位置。我們認識到，大腦的世界模型是以類似地圖那種參考框架建立的，但不是一個參考框架，而是數十萬個。事實上，我們現在認識到，新皮質的大部分細胞致力於創造和操作參考框架，而大腦利用這些參考框架來規劃和思考。

因為這項新洞見，我們開始看見神經科學一些大問題的答案。這些問題包括：我們的各種感官輸入如何整合成單一體驗？我們思考時發生了什麼事？為什麼兩個人可以基於相同的觀察得出不同的信念？為什麼我們會有自我意識？

本書講述這些發現的故事，並且說明它們對我們的未來有何涵義。大部分材料已在科學期刊發表過，我將在書末告訴大家如何找到這些論文。但是，科學論文不適合用來解釋大規模的理論，尤其是以非專業人士能夠理解的方式。

　　我把這本書分為三個部分。在第一部，我闡述了我們的「參考框架理論」——我們稱之為「千腦理論」（Thousand Brains Theory）。這項理論有一部分是基於邏輯推演，因此我將說明我們的推論步驟。我也將講述一點歷史背景，以助你了解這項理論與大腦觀念史的關係。我希望你在看完本書第一部時，大致明白你在這個世界裡思考和行動時，你的頭腦裡發生了什麼事，以及有智能意味著什麼。

　　本書的第二部是關於機器智能（machine intelligence）。智慧型機器（有智能的機器）將改變二十一世紀，一如電腦改變了二十世紀。千腦理論解釋了為什麼現在的人工智慧（artificial intelligence, AI）還不算是有智能，以及我們必須做些什麼才可以製造真正的智慧型機器。我描述了未來智慧型機器的模樣，以及我們可能如何使用它們。我解釋了為什麼有些機器會有意識，以及我們應該如何因應這種情況。最後，許多人擔心智慧型機器將危及人類的存在，擔心我們即將創造出一種將毀滅人類的技術，我認為這是過慮了。我們的發現說明了為什麼機器智能本身是良性的，但是作為一種強大的技術，其風險在於人類可能如何使用。

　　在本書的第三部，我從大腦和智能的角度檢視人類的境況。大腦的世界模型包含我們的自我模型，這導致一個奇妙的事實：你和我每時每刻所感

知的，是一種對世界的模擬，而不是真實的世界。千腦理論的一個涵義是我們對世界的信念可能是錯誤的。我將會解釋這種情況如何發生，為什麼錯誤的信念難以消除，以及錯誤的信念與我們較為原始的情緒相結合，可能如何危及我們的長期生存。

　　最後幾章討論我認為人類作為一個物種將面臨的最重要抉擇。我們有兩種方式看待自己，一種是視自己為生物有機體（biological organisms），是演化和天擇的產物。從這個角度來看，人類是由我們的基因界定的，而生命的目的就是複製這些基因。但是，我們現在正在擺脫我們純粹的生物歷史（biological past），我們已經成為一個有智能的物種。我們是地球上第一個知道宇宙的大小和年齡的物種。我們是第一個知道地球如何演變以及人類如何走到現在這種狀態的物種。我們是第一個開發出工具來探索宇宙和破解其奧祕的物種。從這個角度來看，界定人類的是我們的智能和知識，而不是我們的基因。我們思考未來時面臨的抉擇是：我們應該繼續受我們的生物歷史驅動，還是選擇善用我們較晚出現的智能？

　　我們可能無法兩者都兼顧。我們正在創造強大的技術，可以根本改變我們的星球、操縱生物學，以及在不久的將來創造出比我們更聰明的機器。但我們仍未能擺脫那些幫助我們走到今天這種狀態的

原始行為。這種組合真正危及人類的存在，是我們必須妥善處理的風險。如果我們願意接受界定人類的是我們的智能和知識，而不是我們的基因，那麼或許我們將能創造一種比較持久、而且目標較為崇高的未來。

產生千腦理論的旅程是漫長和曲折的。我在大學念電機工程，在英特爾（Intel）剛開始我的第一份工作時，看了法蘭西斯·克里克那篇文章。它對我產生了非常深遠的影響，我因此決定轉行，將我的一生奉獻給大腦研究工作。我嘗試在英特爾爭取一個研究大腦的職位，但不成功，於是我申請成為麻省理工學院 AI 實驗室的研究生。（當時我覺得製造智慧型機器的最好方法是先研究大腦。）我與麻省理工的老師面談，他們否定了我基於大腦理論創造智慧型機器的提議。他們告訴我，大腦有如一台混亂的電腦，研究它是毫無意義的。我很沮喪，但並不氣餒，隨後報讀了柏克萊加州大學的神經科學博士課程，1986 年 1 月開始學習。

來到柏克萊之後，我去找神經生物學研究生事務主任法蘭克·魏布林博士（Frank Werblin），徵詢他的意見。他要求我寫一篇論文，描述我想做的博士論文研究。在那篇論文中，我說明了我想研究關於新皮質的理論。我知道我想藉由研究新皮質如何作預測來切入問題。魏布林教授安排了幾個教職

員閱讀我的論文，他們覺得我寫得不錯。魏布林跟我說，我的雄心是可敬的，我的方法是很好的，我想研究的問題是最重要的科學問題之一，但是他不知道我在那時候可以如何追逐我的夢想——最後這一點是我沒料到的。作為一名神經科學研究生，我必須為某個教授工作，從事與這個教授已經在做的研究相近的研究。但魏布林表示，當時無論是在柏克萊還是他所知道的所有其他地方，沒有人在做和我想做的研究相近的研究。

當時人們普遍認為，想要建立關於大腦功能的整體理論是野心太大了，因此太冒險了。如果一個學生投入研究五年但沒有進展，就可能無法畢業。對教授來說，這也是很冒險的，因為可能導致他們無法獲得終身教職。分配研究經費的機構也認為這太冒險了。專注於理論的研究提案往往會被否決。

我本來可以在某間實驗室展開研究工作，但在面談了幾間實驗室之後，我知道它們都不適合我。因為在這種工作中，我將花大部分的時間訓練動物、建造實驗設備，以及蒐集數據。即使我可以建立某些理論，都將局限於那間實驗室研究的大腦某部分。

在接下來兩年裡，我經常整天待在柏克萊的圖書館裡，閱讀一篇又一篇的神經科學論文。我看了數百篇，包括過去五十年裡發表的所有重要論文。

我還看了心理學家、語言學家、數學家和哲學家的文章，了解他們對大腦和智能的看法。我得到了一種非常規但一流的教育。經過了兩年的自學，我必須作出改變。我想出了一個計畫：我將回到產業界工作四年，然後再評估我在學術界的機會。於是我回到矽谷，重新投入個人電腦方面的工作。

我在創業方面開始有成就。1988年至1992年間，我創造了GridPad，這是最早的平板電腦之一。然後在1992年，我創立了Palm Computing這家公司。隨後十年裡，我設計了世上最早的其中一些掌上型電腦和智慧型手機，包括PalmPilot和Treo。我在Palm的同事全都知道，我的心始終是在神經科學上，而我認為我在行動運算領域的工作是暫時的。設計最早期的掌上型電腦和智慧型手機是令人興奮的工作，我知道最終將有數十億人仰賴這些裝置，但我覺得認識大腦是更重要的事。我認為相對於電腦和運算技術，大腦理論可以對人類的未來產生更重大的貢獻，因此我必須回歸大腦研究工作。

因為沒有所謂方便的時機，我就選了個日子脫離我參與建立的商業業務。在一些神經科學家朋友的協助和推動下，尤其是柏克萊加州大學的鮑勃・奈特（Bob Knight）、加州大學戴維斯分校的布魯諾・奧爾豪森（Bruno Olshausen），以及美國航太總署艾姆斯研究中心的史蒂夫・佐內澤（Steve

Zornetzer），我在2002年創立了紅杉神經科學研究所（Redwood Neuroscience Institute, RNI）。RNI的唯一研究重心是新皮質理論，有十名全職科學家。我們全都對大腦的大規模理論很有興趣，而RNI是世上唯一不但容許、而且期望研究人員以此為重心的地方。在我管理RNI的三年裡，我們接待過超過一百名訪問學者，當中一些人和我們交流數天或數週時間。我們每週都有講座，對公眾開放，通常會變成歷時數小時的討論和辯論。

　　包括我在內，在RNI工作的每個人都認為這很好。我認識了許多世界頂級的神經科學家，並與他們相處了一段時間。這使我得以掌握神經科學多個領域的知識，而這是典型學術職位上的人很難做到的。但問題是我想解答特定的一組問題，而在我看來，RNI的團隊很難達成致力於解答這些問題的共識，團隊裡的科學家都滿足於做自己的研究。因此，在管理了這間研究所三年之後，我認清了一件事：要實現我的目標，最好的方法是領導我自己的研究團隊。

　　RNI在其他方面都做得很好，我們因此決定把它搬到柏克萊加州大學——沒錯，那個告訴我不能研究大腦理論的地方，在十九年後認為一個大腦理論中心正是他們所需要的。RNI更名為紅杉理論神經科學中心（Redwood Center for Theoretical

Neuroscience），至今仍在運作。

隨著RNI遷至柏克萊加州大學，我和幾個同事創辦了Numenta這家獨立的研究公司。我們的首要目標是開發一個關於新皮質如何運作的理論，次要目標是將我們掌握的大腦知識應用在機器學習和機器智能上。Numenta與典型的大學研究實驗室相似，但更有彈性。它使我得以指揮一組團隊，確保我們全都專注於同一任務，並且視需要不時試驗新構想。

在我撰寫本文時，Numenta已經運作了超過十五年，但在某些方面，我們仍像一家新創公司。釐清新皮質的運作原理是極其艱難的事。為了取得進展，我們需要新創公司那種靈活性和專注力。我們還需要極大的耐心，而這在新創企業並不常見。我們的第一項重大發現——神經元如何作預測——發生在2010年，也就是Numenta投入運作五年後。再六年後的2016年，我們發現了新皮質中那種類似地圖的參考框架。

2019年，我們開始著力於我們的第二項使命，也就是將大腦的運作原理應用在機器學習上。也就是在這一年，我開始寫這本書，與大眾分享我們學到的東西。

宇宙裡唯一知道宇宙存在的東西，是漂浮在我們腦海裡的三磅重細胞團，這使我覺得很神奇。我

因此想起了一道古老的謎題：如果有一棵樹在森林裡面倒下，沒有人聽見，那麼它是否發出了聲音？同樣地，我們可以問：如果宇宙出現又消失，而沒有大腦知道，宇宙真的存在過嗎？誰會知道？懸浮在你頭顱裡的數十億個細胞不但知道宇宙存在，還知道它浩瀚且古老。這些細胞已經習得一個世界的模型，而據我們所知，這種知識並不存在於任何其他地方。我畢生致力於了解大腦如何做到這一點，而我們至今的發現使我興奮不已。我希望你也會為此感到興奮。我們就開始分享這些發現吧。

1

舊腦 — 新腦

要明白大腦如何創造智能，首先必須掌握一些基本知識。

達爾文發表他的演化論之後不久，生物學家認識到，人類大腦本身隨著時間的推移也經歷了演化，而大腦的演化史僅從它的外觀就能看見。在物種的演化中，舊物種隨著新物種的出現而消失是常有的事；大腦的演化則與此不同，是在既有部分的基礎上增添新部分。例如最古老和簡單的一些神經系統，是分布在小蠕蟲背部的神經元組。這些神經元使蠕蟲得以做簡單的運動，它們是我們的脊髓的前身，而脊髓也負責我們的許多基本運動。接著出現的是身體一端的一團神經元，它們控制消化和呼吸之類的功能。這團神經元是我們的腦幹的前身，而腦幹也控制我們的消化和呼吸。腦幹是擴展而非

取代原本已經存在的東西。隨著時間的推移，大腦在舊有部分的基礎上演化出新的部分，因此發展出越來越複雜的功能。多數複雜動物的大腦採用這種加法成長（growth by addition）。大腦保留舊有部分是不難理解的事：無論我們多麼聰明和精細，呼吸、飲食、性和反射反應對我們的生存仍至關重要。

我們大腦的最新部分是新皮質（neocortex），該詞的意思是「新的外層」。所有哺乳動物都有新皮質，也只有哺乳動物才有新皮質。人類的新皮質特別大，約占我們大腦體積的70％。如果你能把新皮質從人腦裡取出來並熨平，它約有一張大餐巾那麼大，而厚度是兩倍（約2.5毫米）。它包裹著大腦較為古老的部分，因此當你看一個人的大腦時，你看到的主要是新皮質（一定會注意到它特有的褶皺），而舊腦和脊髓的一部分則從底部伸出。

新皮質是智能的器官。幾乎所有我們認為屬於智能的能力，例如視覺、語言、音樂、數學、科學和工程，都是新皮質創造的。我們思考時，主要是新皮質在思考。你的新皮質正在閱讀（或聽）這本書，而我的新皮質正在寫這本書。如果我們想了解智能，就必須知道新皮質做些什麼和怎麼做。

動物不需要新皮質來過複雜的生活。鱷魚的大腦與我們的大腦相若，但沒有新皮質。鱷魚有複雜的行為，會照顧小鱷魚，也知道如何視需要遊走於

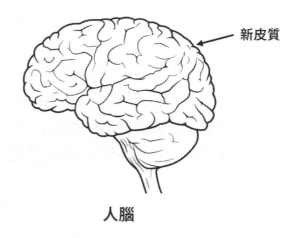

新皮質

人腦

所處的環境。多數人會說鱷魚有一定程度的智能，但與人類的智能有天壤之別。

　　新皮質與大腦較為古老的部分由神經纖維連起來，因此我們不能視它們為完全相互獨立的器官。它們比較像室友，個性不同，要做的事也不同，而想做什麼都必須合作。新皮質處於顯然不公平的位置，因為它不能直接控制行為。與大腦其他部分不同的是，新皮質裡沒有細胞與肌肉直接相連，因此不能使任何肌肉動起來。新皮質如果想做一件事，會向舊腦發出訊號，在某種意義上要求舊腦聽從它的命令。舉個例子：呼吸是腦幹的功能，不需要新皮質的思考或輸入，但新皮質可以暫時控制呼吸，比方說你可能有意識地決定屏住呼吸。但如果腦幹偵測到你的身體迫切需要氧氣，就會忽略新皮質

的要求，奪回對呼吸的控制。又例如新皮質可能會想：「不要吃這塊蛋糕，不健康。」但如果大腦比較古老和原始的部分認為「它看起來很好，聞起來很香，吃吧！」，你可能就難以抗拒蛋糕的誘惑。新舊大腦之間的這種鬥爭，是本書的一大主題。我們討論人類面臨的存在威脅時，它將有重要的角色。

舊腦包含數十個不同的器官，各有特定的功能。它們看起來顯著不同，其形狀、大小和連結反映它們的功能。例如杏仁核是舊腦的一部分，它裡面有幾個豌豆大小的器官，負責不同類型的攻擊行為，譬如有計畫的攻擊和衝動的攻擊。

新皮質有出人意表的特別之處。雖然它幾乎占大腦體積的四分之三，並且負責無數的認知功能，但它看起來沒有劃分為顯著有別的不同部分。那些褶皺是把新皮質裝進頭顱裡必然產生的，就像你把一張餐巾強塞進一只大葡萄酒杯裡會出現的情況。如果忽略這些褶皺，新皮質看起來就像由細胞構成一大張東西，沒有明顯分為不同部分。

儘管如此，新皮質仍可分為數十個區域，各有不同的功能。有些區域負責視覺，有些負責聽覺，有些負責觸覺，還有一些區域負責語言和規劃。新皮質受損造成什麼缺陷，取決於哪一部分受影響。頭部後方受創可能導致失明，左側受創則可能喪失語言能力。

　　新皮質的各個區域由神經纖維束連結起來，這些神經纖維穿行於新皮質下方的大腦白質。藉由仔細追蹤這些神經纖維，科學家可以確定新皮質有多少個區域，以及它們如何相連。因為研究人類的大腦很困難，第一個以這種方式被分析的複雜哺乳動物是獼猴。1991年，丹尼爾・費勒曼（Daniel Felleman）和大衛・范埃森（David Van Essen）這兩位科學家結合數十項不同研究的資料，繪製出著名的獼猴新皮質示意圖。下列是他們繪製的圖像之一（人類的新皮質圖在細節上會有不同，但整體結構相似。）

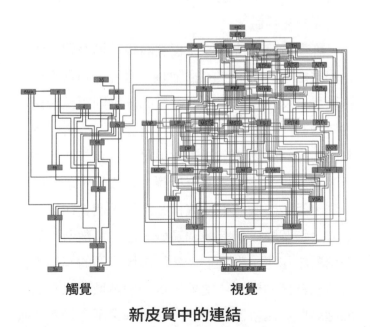

觸覺　　　　　　　視覺

新皮質中的連結

　　這張圖中的幾十個小長方形，代表新皮質的不同區域；線條則代表資料如何經由白質從一個區域流向另一個區域。

　　對這張圖的一種常見解讀，是新皮質有多個層級，就像一種流程圖。來自感官的輸入在底部進入（在這張圖中，來自皮膚的輸入在左邊，來自眼睛的輸入在右邊。）這種輸入經歷一系列的處理步驟，每一個步驟從輸入中提取越來越複雜的特徵。例如處理視覺輸入的第一個區域可能偵測到簡單的樣式，譬如線條或邊緣，這些資料被發送到下一個區域，而該區域可能偵測到較為複雜的東西，譬如角落或形狀。這種逐步過程一直持續到某些區域偵測到完整的物體。

　　許多證據支持這種流程圖層級結構解讀。例如科學家觀察底層區域的細胞時，發現它們對簡單的特徵最有反應，而下一個區域的細胞則對比較複雜的特徵有反應。此外，他們有時發現較高層區域的細胞對完整的物體有反應。但是，也有許多證據顯示，新皮質並不像一個流程圖。正如你可以從圖中看到，這些區域並不像流程圖那樣一個疊在另一個上方。每個層級都有多個區域，而且多數區域都與多個層級相連。事實上，多數區域之間的連結不符合層級結構的模式。此外，每一個區域都只有部分細胞發揮偵測特徵的功能，而科學家至今仍無法確

定每個區域的多數細胞會做些什麼。

我們因此有道謎題待解。新皮質這個智能器官分為數十個區域，各有不同功能，但這些區域表面看來全都一樣。這些區域以一種複雜的混合方式連結起來，有點像流程圖，但大部分不像。目前還不清楚為什麼智能器官會是這種樣子。

研究者顯然該做的下一件事，就是觀察新皮質內部，看看它2.5毫米厚的組織裡的具體迴路。你可能會想，即使新皮質的不同區域表面看來都一樣，但創造視覺、觸覺和語言的具體神經迴路看起來是不同的，但事實並非如此。

第一個觀察新皮質內部具體迴路的人是聖地亞哥‧拉蒙‧卡哈爾（Santiago Ramón y Cajal）。十九世紀末，一種染色技術面世，科學家因此得以利用顯微鏡看見大腦裡的個別神經元。卡哈爾利用這種技術，為大腦的每一部分畫圖。他畫了數千張圖，它們破天荒首度呈現大腦在細胞層面的樣子。卡哈爾那些漂亮和精細的大腦圖像都是手工繪製的，他最終因為他的研究榮獲諾貝爾獎。下頁有卡哈爾繪製的兩張新皮質圖，左邊那張只顯示神經元的細胞體，右邊那張則畫出細胞之間的連結。這些圖像呈現2.5毫米厚的新皮質的一個切片。

用於繪製這些圖像的染色劑僅使一小部分細胞著色。幸好是這樣，因為如果每一個細胞都染色，

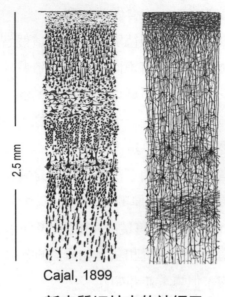

Cajal, 1899

新皮質切片中的神經元

我們將只能看到黑色。記住，新皮質裡的神經元實際上比你在這裡看到的多得多。

　　卡哈爾和其他人觀察到的第一點，是新皮質裡的神經元似乎是分層排列的。這些神經元層與新皮質的表面平行（在上圖中是水平的），而之所以看起來有多層，是神經元的大小和密集程度不同造成的。想像一下，你有一根玻璃管，你倒入一吋厚的豌豆、一吋厚的扁豆和一吋厚的大豆。從側面看這根玻璃管，你會看到三層。你可以在上列圖片中看到多層的神經元。確切有多少層取決於誰在數，以及他們用來分層的標準。卡哈爾看到了六層。一種

簡單的解讀是每一層神經元所做的事各有不同。

現在我們知道，新皮質裡有數十種不同類型的神經元，而不是只有六種，但科學家仍使用六層的說法。例如第三層可以找到某種類型的細胞，第五層可以找到另一種。第一層位於新皮質的最外層，最接近頭骨，位於卡哈爾所畫圖像的頂部。第六層最接近大腦的中心，離頭骨最遠。必須記住的是，這種分層只是粗略告訴我們可以在哪裡找到特定類型的神經元，更重要的是神經元與什麼相連，以及它們的行為方式。如果根據神經元的連結進行分類，會有數十個類型。

從這些圖像觀察到的第二點，是神經元之間的連結多數是垂直連接各層神經元。神經元有被稱為軸突和樹突的樹狀附屬部分，這使神經元之間可以互傳資料。卡哈爾看到多數軸突連接各層神經元，垂直於新皮質的表面（在左頁圖像中是向上和向下。）某些層的神經元有長距離的水平連結，但多數連結是垂直的。這意味著到達新皮質某個區域的資料在被送往其他地方之前，主要是在各神經元層之間上下移動。

自卡哈爾首度繪製大腦細胞圖以來的一百二十年裡，數以百計的科學家研究了新皮質，盡可能詳細地認識新皮質的神經元和迴路。這道課題累積了數千篇科學論文，遠遠超過我能概括的數量，在此

我只想強調三項總體觀察。

1. 新皮質的局部迴路很複雜

一平方毫米的新皮質（體積約2.5立方毫米）約有十萬個神經元、五億個神經元之間的連結（稱為突觸），以及數公里長的軸突和樹突。想像一下，沿著一條路鋪上數公里長的神經線，然後把它們壓進兩立方毫米、約一粒米那麼大的空間裡。每一平方毫米的新皮質裡面，都有數十種不同類型的神經元。每一類型的神經元，都與其他類型的神經元有原型連結（prototypical connections）。科學家經常說，新皮質各區域各負責某種簡單功能，例如偵測特徵。但是，偵測特徵只需要少量神經元。新皮質裡精確和極其複雜的神經迴路隨處可見，由此看來，新皮質每一個區域所做的事比偵測特徵複雜得多。

2. 新皮質所有部分看起來都相似

在新皮質的視覺區域、語言區域和觸覺區域，複雜的神經迴路看起來非常相似。這些迴路甚至在不同的物種，例如老鼠、貓和人類，也都看起來很相似。但也有差異，例如在新皮質某些區域，某類型的細胞多一些，另一些類型的細胞少一些。此外，還有一些區域擁有其他區域全都沒有的某類型

細胞。無論新皮質的這些區域負責做什麼，想必可受惠於這些差異。但總的來說，新皮質各區域是大同小異。

3. 新皮質的每一部分都能產生運動

在很長一段時間裡，人們認為資訊經由「感覺區域」進入新皮質，在區域層級裡上下流動，最後去到「運動區域」。運動區域的細胞投射到脊髓裡的神經元（前者的軸突延伸出去，連接後者），後者使肌肉和肢體動起來。我們現在知道這種描述是誤導人的。在科學家檢視的新皮質每一個區域，都能找到細胞投射到舊腦中與運動有關的某部分。例如從眼睛獲得輸入的視覺區域會發送訊號到舊腦中負責移動眼睛的部分；同樣地，從耳朵獲得輸入的聽覺區域有細胞投射到舊腦負責移動頭部的部分。移動頭部會改變你聽到的東西，一如於移動眼睛會改變你看到的東西。目前的證據顯示，新皮質中隨處可見的複雜迴路執行一種感覺運動（sensory-motor）任務。新皮質裡沒有純粹的運動區域，也沒有純粹的感覺區域。

總而言之，新皮質是智能的器官。它是一張大餐巾那麼大的一層神經組織，分為數十個區域。有些區域負責視覺、聽覺、觸覺和語言，還有一些不容易標記的區域負責高階思維和規劃。這些區域藉

由神經纖維束相互連接。一些區域之間的連結是有
層級的，這暗示資料有序地從一個區域流向另一個
區域，像流程圖那樣。但區域之間也有一些連結看
來沒什麼秩序，這暗示資料同時流向所有相連的地
方。新皮質的所有區域，無論負責什麼功能，細看
全都大同小異。

　　下一章將談到第一個解釋這些觀察的人。

　　這裡適合說明一下本書的寫作風格。本書是為
知性上好奇的外行讀者寫的，我的目標是傳達你理
解大腦新理論需要知道的一切，但僅此而已。我假
設多數讀者在閱讀本書之前，對神經科學的認識相
當有限。但是，如果你有神經科學背景，你會知道
我在哪裡省略了細節和簡化了複雜的課題。如果你
是這樣，我希望你能諒解。本書後面有一篇附帶說
明的閱讀清單，我在那裡告訴有興趣的人去哪裡找
更多詳細資料。

2

蒙卡索的大觀念

《**警**覺的大腦》（*The Mindful Brain*）是一本只有
一百頁的小書，1978年出版，收錄了兩位
傑出科學家關於大腦的兩篇文章。其中一篇是約
翰霍普金斯大學神經科學家弗農‧蒙卡索（Vernon
Mountcastle）寫的，至今仍是歷來關於大腦最具代
表性和最重要的專題論文之一。蒙卡索在文中提出
的關於大腦的構想簡練確切（這是偉大理論的一個
標誌），但也非常出人意表，因此至今仍使神經科
學界意見分裂。

　　我是在1982年第一次讀到《警覺的大腦》。蒙
卡索那篇文章對我產生了直接和深遠的影響，而正
如你將看到，我在本書中提出的理論深受蒙卡索的
構想影響。

　　蒙卡索的文章精確而博學，並不易讀。他那

篇文章的標題是並不吸引人的〈大腦功能的組織原理：單元模組與分散式系統〉（"An Organizing Principle for Cerebral Function: The Unit Module and the Distributed System"）。開頭幾句話不易理解；我引述在這裡，以便各位知道那篇文章讀起來感覺如何。

> 十九世紀中葉的達爾文革命無疑對關於神經系統的結構和功能的概念產生了支配性影響。史賓塞、傑克森、謝靈頓和他們的許多追隨者的構想根植於演化論，認為大腦的發展史是相繼增添更多頭向（cephalad）部分的過程。根據這種理論，每一次的新增或擴大都伴隨著較複雜行為的產生，同時對較為尾部（caudal）和原始的部分以及它們控制的想必較為原始的行為施加一種調節。

蒙卡索這三句話說的是：大腦在演化過程中，藉由在原有的大腦部分之上增添新的部分而變大；較古老的部分控制比較原始的行為，新的部分則創造出比較複雜的行為。希望你會覺得這聽起來很熟悉，因為我在上一章討論過這種想法。

但蒙卡索接著說，雖然大腦主要是藉由在原有部分之上增添新的部分而變大，新皮質並不是藉由這種方式發展到占我們大腦體積的70％。新皮質變大是藉由大量複製同一種基本迴路。想像一下，你在看人類大腦演化的影片：大腦起初很小，然後一

端出現一塊新的腦組織，一段時間之後上方出現另一塊新組織，然後舊有組織之上又再添加新組織。數百萬年前某個時候，我們現在稱為新皮質的新組織出現了。新皮質起初很小，但隨後持續成長，不是藉由創造任何新東西，而是靠反復複製一種基本迴路。新皮質的成長是擴大面積，但厚度沒有增加。蒙卡索認為，雖然人類的新皮質比老鼠或狗的新皮質大得多，但它們全都由相同的成分構成——我們只是擁有更多該成分。

蒙卡索的這篇文章，使我想起達爾文的著作《物種起源》。當年達爾文擔心他的演化論將引起軒然大波，因此在書中先陳述關於動物界變異的稠密和相對無趣的大量資料，最後才闡述他的理論。即使如此，他從未明確表示演化論適用於人類。我讀蒙卡索那篇文章時，得到類似的印象。蒙卡索像是知道他的構想會受到抨擊，因此文章寫得特別謹慎，下列是蒙卡索文章後面的一段：

> 簡而言之，運動皮質並無本質上的運動特徵，感覺皮質也沒有本質上的感覺特徵。因此，闡明新皮質中隨處可見的局部模組迴路的運作模式，將具有巨大的普遍意義。

在這兩句話中，蒙卡索概括了他在文章中提出的主要觀點。他說，新皮質每一部分都以相同的原

理運作。我們認為屬於智能的一切，從視覺、觸覺、語言以至高階思維，本質上是一樣的。

　　回想一下：新皮質分為數十個區域，每一個區域負責不同的功能。如果從外面看新皮質，你不會看到區域之分，因為區域之間沒有界線，就像衛星圖像不會顯示國家之間的政治邊界那樣。如果切開新皮質，你會看到複雜精細的構造。但是，無論你切開新皮質哪一個區域，其具體構造看起來都很相似。負責視覺的一片皮質與負責觸覺的一片皮質很相似，而它們與負責語言的皮質也很相似。

　　蒙卡索提出他的想法：這些區域之所以很相似，是因為它們全都做同樣的事。它們之所以不同，不在於它們固有的功能，而是因為它們連接不同的地方。皮質區域連接眼睛，你就得到視覺；同一個皮質區域連接耳朵，你就得到聽覺；皮質區域連接其他區域，你就得到比較高階的思維，例如語言能力。蒙卡索接著指出，如果我們能夠了解新皮質任何一部分的基本功能，我們將能明白整個大腦是如何運作的。

　　蒙卡索的構想一如達爾文的演化論發現那麼出人意表和深刻。達爾文提出一種機制 —— 你可以稱之為一種演算法 —— 來解釋生物不可思議的多樣性。表面看來許多不同的動物和植物，許多不同類型的生物，實際上是同一個基本的演化演算法的表

現。另一方面，蒙卡索則提出，我們認為與智能有關的各種東西表面看來不同，但實際上是同一個基本的皮質演算法的表現。我希望你能體會到蒙卡索的構想是多麼出乎意料和革命性。達爾文認為生物的多樣性是一種基本的演算法造成的，蒙卡索則認為智能的多樣性也是一種基本的演算法造成的。

一如許多具有歷史意義的見解，有關這個構想是否為蒙卡索第一個提出，人們有一些爭論。我的經驗是每一個構想都至少有某種前身，但據我所知，蒙卡索是第一個明確且仔細闡述同一皮質演算法論的人。

蒙卡索與達爾文的構想有個有趣的差異。達爾文知道那個演算法是什麼：演化是基於隨機變異和天擇。但達爾文不知道這個演算法藏在身體什麼地方，這個問題要到許多年後科學家發現DNA才解開。相對之下，蒙卡索不知道皮質演算法是什麼；他不知道智能的原理，但是他知道這個演算法是在大腦那個部分運作。

那麼，蒙卡索認為皮質演算法是在什麼位置運作呢？他說，新皮質的基本單位（即智能的單位）是「皮質柱」（cortical column）。一個皮質柱在新皮質的表面占約一平方毫米的面積，貫穿新皮質整個2.5毫米的厚度，體積因此約為2.5立方毫米。根據這個規格，一個人的新皮質，約有15萬個皮質

柱並排堆立。你可以把皮質柱想成一小段很細很細的義大利麵條,一個人的新皮質就像15萬根短短的義大利麵條,彼此垂直並排立在那裡。

　　皮質柱的寬度因物種和新皮質區域而異。例如小鼠和大鼠是每根鬍鬚有一個皮質柱,直徑約為半毫米。貓的視覺皮質柱,直徑看來約為一毫米。至於人腦中皮質柱的大小,我們沒有很多資料。為求簡便,我將繼續假定一個皮質柱在新皮質的表面占約一平方毫米,每個人因此約有15萬個皮質柱。雖然實際數字很可能與此不同,但這不影響我們的討論。

　　皮質柱在顯微鏡下是看不到的。除了少數例外,它們之間沒有可見的界線。科學家知道皮質柱的存在,是因為一個皮質柱裡的所有細胞都對視網膜或皮膚的同一部分有反應,但下一個皮質柱的細胞則全都對視網膜或皮膚的另一部分有反應。皮質柱就是根據這種反應的差異界定的,它在新皮質中隨處可見。蒙卡索指出,每一個皮質柱又分為數百個「微皮質柱」。如果一個皮質柱就像一段很細很細的義大利麵條,你可以把微皮質柱想成更細的麵條,就像一根根頭髮在皮質柱裡並排堆立。每一個微皮質柱都有略多於一百個神經元,貫穿新皮質各層。與大皮質柱不同的是,微皮質柱互有區別,通常可以在顯微鏡下看到。

　　蒙卡索不知道、也沒提議皮質柱和微皮質柱做些什麼。他只是提出他的想法：每一個皮質柱都做同樣的事，而微皮質柱是重要的次組件。

　　讓我們回顧一下：新皮質是大約一張大餐巾那麼大的一片腦組織，分為各有不同功能的數十個區域，每一個區域又分為成千上萬個皮質柱。每一個皮質柱由數百個毛髮一樣的微皮質柱構成，每一個微皮質柱由略多於一百個細胞組成。根據蒙卡索的構想，在整個新皮質中，皮質柱與微皮質柱執行相同的功能：執行一種基本演算法，造就感知與智能的每一方面。

　　蒙卡索的通用演算法論是基於幾方面的證據。首先，正如我已經說過，新皮質中隨處可見的具體迴路非常相似。如果我給你看電路設計幾乎完全相同的兩塊矽晶片，你可以很有把握地假定它們執行幾乎完全相同的功能。這個論點也適用於新皮質的具體迴路。第二，相對於我們的原始人類祖先，現代人類新皮質的主要擴張以演化的標準而言發生得很快，只花了幾百萬年。這很可能不夠時間演化出多種新的複雜能力，但有足夠的時間在演化中一再複製具有同一基本能力的組織。第三，新皮質各區域的功能不是不可改變的，例如先天失明者的新皮質視覺區域不能從眼睛獲得有用的資料，但這些區域可能承擔與聽覺或觸覺有關的新功能。最後是極

度靈活論：人類可以做許多並非出於演化壓力的
事，例如我們的大腦並沒有專門演化出編寫電腦程
式或製作冰淇淋的能力——兩者都是現代的發明。
我們能夠做這些事情，意味著大腦仰賴一種通用的
學習方法。對我來說，最後這個論點最有說服力，
能夠學會幾乎所有東西需要大腦按照一種通用的原
理運作。

　　還有其他證據支持蒙卡索的構想；儘管如此，
他的想法在他提出時是有爭議的，而且至今仍有一
些爭議。我認為這有兩個原因。其一是蒙卡索不知
道皮質柱實際做些什麼。他基於大量的間接證據，
提出了一種出人意表的主張，但他沒有告訴我們，
皮質柱實際上如何做到我們認為與智能有關的所有
事情。另一個原因是蒙卡索構想的涵義對一些人來
說是難以置信的。例如你可能很難接受視覺與語言
是本質上相同的能力，因為你覺得它們並不一樣。
基於這些不確定性，一些科學家藉由指出新皮質不
同區域間的差異，否定蒙卡索的構想。相對於新皮
質各區域的相似處，它們之間的差異比較小，但如
果你集中關注它們，你可以主張新皮質的不同區域
並不一樣。

　　蒙卡索的構想涉及的問題，有如神經科學的聖
杯。無論神經科學家或明或暗地研究什麼動物或大
腦的哪一部分，幾乎全都想知道人類的大腦是如何

運作的。這意味著了解新皮質是如何運作的，而這又要求我們知道皮質柱做些什麼。歸根結柢，我們對認識大腦的追求、對認識智能的追求，有賴釐清皮質柱做些什麼和怎麼做到。皮質柱不是大腦的唯一奧祕，也不是與新皮質有關的唯一奧祕，但皮質柱無疑是大腦拼圖最大和最重要的一塊。

　　2005年，我應邀在約翰霍普金斯大學做了一次演講，講述我們的研究。我談到我們追求解開新皮質之謎、我們如何處理這個問題，以及我們取得了什麼進展。在這種演講之後，演講者通常會與個別教職員會面。這一次我的最後節目是與弗農・蒙卡索和他的系主任見面。能夠見到這個在我人生中給了我這麼多洞見和啟發的人，我感到非常榮幸。蒙卡索稍早聽了我的演講，他在和我談話時表示，我應該到約翰霍普金斯大學工作，而他可以為我安排一個職位。他的提議是出乎意料和不尋常的。由於我在加州有家庭和事業必須照顧，我無法認真考慮他的提議，但我想起1986年柏克萊加州大學否決了我研究新皮質的提議。如果蒙卡索的提議出現在那個時候，我一定迫不及待接受。
　　離開之前，我請蒙卡索在我那本讀過無數次的

《警覺的大腦》上簽名。離開時我既高興又難過。
我很高興見到他，他對我的高度評價也使我寬慰。
但我也感到難過，因為我知道我可能永遠不會再見
到他了。即使我的探索成功了，我也很可能無法與
他分享我的發現，無法得到他的幫助和回饋。我在
走向計程車時，下定決心要完成他的使命。

3

你頭腦裡的世界模型

大腦所做的事對你來說可能是顯而易見的。大腦從它的感測器獲得輸入，處理所接收的這些資料，然後採取行動。歸根究柢，動物對它感覺到的東西作何反應，決定了它的成敗。感官輸入直接產生行動無疑是大腦某些部分的功能，例如你的手在不小心觸碰到很熱的東西時，會反射性地縮回。產生這種反應的輸入輸出迴路位於脊髓中。那新皮質又如何？我們可以說新皮質的任務是接收感官輸入，然後立即採取行動嗎？簡而言之是：不可以。

你正在讀或聽這本書，也許除了翻頁或觸碰螢幕，這件事沒有引起任何立即的行動。數以千計的文字正流入你的新皮質，而你基本上並沒有因此採取什麼行動。也許你會因為看了這本書，日後會有不同的行為。也許未來你將與人討論大腦理論和人

類的未來，如果你沒有看過這本書，就不會有這種對話。也許你未來的想法和措詞，將會因為我的文字而受到微妙的影響。也許你將致力基於大腦的運作原理創造智慧型機器，而我的著作將在這方面予你啟發。但眼下你只是在看這本書。如果我們堅持把新皮質說成是一種輸入輸出系統，那麼我們最多只能說新皮質接收大量資料輸入，從這些資料中學習，然後——可能是幾小時後，也可能是幾年後——根據先前的這些輸入改變了一些行為。

　　從我對大腦的運作方式產生興趣的那一刻起，我就意識到視新皮質為一種輸入產生輸出的系統，是很難造就研究成果的。幸運的是，我在柏克萊當研究生時領會到一件事，使我走上一條比較有成果的不同路徑。當時我在家裡，在我的書桌前工作。書桌上和房間裡有數以十計的物件，我意識到，這些物件中任何一個有所改變，哪怕只是最輕微的變化，我都會注意到。我的筆筒總是放在書桌的右邊，如果有天我發現它在左邊，我會注意到這個變化，並想知道它是怎麼發生的。如果釘書機的長度改變了，當我觸摸或看著它時，我會注意到這個變化。我甚至會注意到釘書機使用時是否發出了不同的聲音。如果牆上時鐘的位置或樣式改變了，我會注意到。如果我向右邊移動滑鼠但電腦螢幕上的游標向左移動，我會立即意識到出了問題。我覺得奇

妙的是，即使我沒有注意這些物件，我還是會注意到這些變化。當我環顧房間時，我沒有問自己：「釘書機的長度正常嗎？」我也沒有這種念頭：「看一下時鐘，確定時針還是比分針短。」常態發生變化自然而然進入我的頭腦，然後我的注意力就會被吸引過去。我身處的環境真的有成千上萬種可能的變化，是我的大腦幾乎立即會注意到的。

　　為什麼會這樣？我只能想到一種解釋：我的大腦，具體而言是我的新皮質，對它將要看到、聽到和感覺到的東西同時作出許多預測。每次我移動我的眼睛，我的新皮質就對它將要看到的東西作出預測。每次我拿起東西，我的新皮質就預測我的每一根手指應該會有什麼感覺。我的每一個動作都會使新皮質對我應該聽到什麼作出預測。我的大腦預測最小的刺激，例如咖啡杯把手的質地，也預測大的概念，例如日曆上應該顯示的正確月份。這些預測發生在每一種感覺形式中，包括低層次的感覺和高層次的概念；這告訴我，新皮質的每一部分，也就是每一根皮質柱，都在作出預測。預測是新皮質無所不在的一種功能。

　　當時極少神經科學家將大腦描述為一種預測機器，聚焦於新皮質如何作出許多平行的預測，會是研究新皮質如何運作的一種新方法。我知道新皮質所做的事並非只有預測，但著眼於預測是致力解開

皮質柱之謎的一種有系統的方法。我可以提出關於
神經元在不同情況下如何作出預測的具體問題，而
這些問題的答案或許將能告訴我們皮質柱做些什麼
和怎麼做。

　　為了作出預測，大腦必須知道常態是怎樣
的——也就是根據過去的經驗，應該有怎樣的預
期。我之前的著作《創智慧》（*On Intelligence*）探
討了這種學習與預測的概念。我在書中以「記憶預
測框架」（the memory prediction framework）這個
詞組概括我的整個概念，闡述了以這種方式設想大
腦的涵義。我說藉由研究新皮質如何作出預測，我
們將能解開新皮質運作原理之謎。

　　現在我不再使用「記憶預測框架」這個詞組
了，改用下列說法描述同一件事：新皮質習得一個
世界的模型，並基於這個模型作出預測。我更喜歡
「模型」（model）這個詞，因為它更準確描述了新
皮質掌握的那種資訊。例如，我的大腦裡有一個關
於我的釘書機的模型，這個釘書機模型包括釘書機
的樣子、把它拿在手上的感覺，以及使用時發出的
聲音。大腦習得的世界模型包括物件的位置，以及
我們與物件互動時發生的變化。例如我的釘書機模
型包括釘書機的頂部相對於底部如何移動，以及頂
部被壓下時，釘書針如何出來。釘書機的使用方式
或許看似簡單，但你並非天生就有這種知識，是在

生命中的某個時刻習得，而它現在儲存在你的新皮質裡。

　　大腦創建了一個預測模型。這只是意味著大腦不斷預測它將接收到怎樣的輸入。預測不是大腦偶爾做的事；它是大腦永不停止的一種固有特性，在學習中發揮至關重要的作用。大腦的預測證實正確代表大腦的世界模型是準確的，預測出錯則使你注意到錯誤並更新模型。

　　除非大腦接收到的輸入與預測不符，我們通常不會注意到這些預測，因此也就不會意識到絕大多數的預測。我隨意伸手去拿我的咖啡杯時，沒有意識到我的大腦正在預測每一根手指會有什麼感覺、杯子應該有多重、杯子的溫度，以及當我把杯子放回桌子上時會發出什麼聲音。但如果杯子出乎意料地變重、變冷，或發出奇怪聲音，我就會注意到這種變化。我們可以確定大腦作出這些預測，因為即使是相關輸入與預測稍有不同，我們都會注意到。但是，如果預測是正確的，就像絕大多數的預測那樣，我們不會意識到大腦曾經作出預測。

　　你的新皮質在你出生時幾乎一無所知，不認識任何字詞，不知道建築物是怎樣的，不知道如何使用電腦，也不知道門是什麼，當然也就不知道門如何在鉸鏈上移動。它必須學習無數東西。新皮質的整體結構不是任意的，它有多大、有多少個區域，

以及這些區域如何連結起來，很大程度上由我們的基因決定。例如基因決定了新皮質哪些部分與眼睛相連、哪些部分與耳朵相連，以及這些部分如何相互連結。因此，我們可以說，新皮質在人出生時，就被設計成將具有看東西、聽聲音以至學習語言的能力。但是，新皮質也確實不知道它將看到什麼、聽到什麼，以及將學習什麼語言。我們可以把新皮質想成生來就對世界有一些固有的假設，但完全不知道世界的具體情況。透過經驗，它習得一個豐富和複雜的世界模型。

新皮質習得的東西極多。我現在身處的房間裡有數百件東西，我就隨便以印表機舉例。我的新皮質已經習得一個印表機的模型，內容包括印表機有一個紙匣，以及如何把紙匣裝進和取出印表機。我知道如何改變印表機使用的紙張大小，也知道如何拆開一疊新的印表機用紙，把這疊紙放進紙匣裡。我知道印表機卡紙時清除廢紙的正確步驟。我知道電源線一端有個 D 型插頭，只能以某個方向插入。我知道印表機運作時的聲音，也知道雙面列印時的聲音有何不同。我房間裡的另一個物件，是一個雙抽屜的小型檔案櫃。我記得關於這個檔案櫃的數十樣事情，包括每個抽屜裡有什麼東西，以及抽屜裡的東西是怎麼放的。我知道這個檔案櫃有一道鎖，也知道鑰匙在哪裡，以及如何插入和轉動鑰匙來上

鎖。我知道拿著鑰匙和上鎖時的感覺，也知道使用時產生的聲音。鑰匙繫在一個小圈上，我知道如何用指甲扳開這個小圈來放入或取出鑰匙。

想像一下，你在家裡逐個房間去看。在每個房間裡，你可以想到數以百計的物品，而對每一件物品，你都習得一連串的東西。你居住的城市也是這樣，你記得各個地方有哪些建築、公園、自行車架和樹木。針對每一樣東西，你可以想起與它有關的經歷，以及你如何與它互動。你知道的東西多不勝數，相關的知識連結似乎永無止境。

我們也習得許多高層次的概念。據估計，我們每個人都認識約四萬個字彙。我們有能力學習口語、書面語、手語、數學語言和音樂語言。經由學習，我們知道電子表格怎麼用、恆溫器的功能，甚至知道同理心或民主的意思，雖然各人的理解可能有所不同。無論新皮質可能做什麼其他事情，我們可以確定地說，它習得一個極其複雜的世界模型，這個模型是我們預測、感知和行動的基礎。

經由運動學習

大腦接收的輸入不斷改變，這有兩個原因：首先，世界會發生變化。例如我們聽音樂時，來自耳朵的輸入迅速變化，反映音樂的變動。同樣地，一棵樹隨風搖曳會導致視覺和可能還有聽覺上的變

化。在這兩個例子中，大腦接收的輸入每時每刻都在變化，不是因為你動了起來，而是因為世界裡的事物本身有變動。

第二個原因是我們自己動了起來。每次我們邁出一步、移動肢體、轉動眼睛、傾斜頭部或發出聲音，我們的感測器對大腦的輸入就會改變。例如我們的眼睛每秒約有三次跳視（saccade），而每一次這種快速移動，都使眼睛注視一個新的點，導致從眼睛傳到大腦的資料完全改變。如果我們沒有移動眼睛，這種變化就不會發生。

大腦藉由觀察它接收的輸入如何隨時間變化，習得世界模型。它沒有其他學習方式。人腦與電腦不同，我們不能上傳檔案到我們的大腦裡。大腦要學到任何東西，只能靠所接收輸入的變化。如果大腦接收的輸入固定不變，就無法學到東西。

有些東西，例如一段旋律，是我們不必移動身體就能認識的。我們可以閉起眼睛靜靜坐著，只聽聲音如何隨時間變化，就認識一段新的旋律。但多數學習需要我們主動動起來去探索。想像一下，你走進一間你不曾去過的新房子裡。如果你不在房子裡面走動，你的感官輸入不會有變化，你也就不可能認識這間房子。為了習得這間房子的模型，你必須朝不同方向看，從一個房間走到另一個房間。你必須打開門，看看抽屜，拿起物品。房子和裡面的

東西幾乎都是靜止的，不會自己移動。為了習得房子的模型，你必須動起來。

以簡單的物件如電腦滑鼠為例，為了知道滑鼠摸起來感覺如何，你必須用手觸摸。為了知道滑鼠的外觀，你必須從不同角度觀看，注視不同位置。為了認識滑鼠的功能，你必須按按看、打開電池蓋，或是滑滑看，在過程中注意看和聽，感受使用滑鼠的感覺。

這就是所謂的「感覺運動學習」（sensory-motor learning）。換句話說，大腦觀察我們的感官輸入如何隨著我們的運動而變化，藉此習得世界模型。我們可以不動就認識一首樂曲，因為樂曲裡的音符順序會依次出現，不像我們在房子裡從一個房間走到另一個房間的順序則不是固定的。但世界上的多數事物不是這樣的；多數時候，我們必須動起來去了解物件、地方和行動的結構。與樂曲裡的音符不同，感覺運動學習中的感覺順序不是固定的。我進入一個房間時看到什麼，取決於我把頭轉往哪個方向。我拿著咖啡杯時，我的手指有什麼感覺，取決於我的手指是向上、向下還是水平移動。

我每動一下，新皮質都會預測下一個感覺是什麼。如果我的手指在咖啡杯上向上移動，我預期會摸到杯口；如果我的手指向側面移動，我預期會摸到杯耳。如果我進入我家廚房時頭向左轉，我預期

會看到我家的冰箱；如果我的頭向右轉，我預期會看到爐具。如果我把目光移到左前方的爐頭上，我預期會看到那個有待修理的點火器。如果任何一項輸入與大腦的預測不一致，例如或許我太太修好了點火器，我的注意力就會被吸引到預測出錯之處，而這會提醒新皮質更新其世界模型的相關部分。

關於新皮質如何運作的問題，現在可以較為精確地這麼表述：**新皮質由數以萬計幾乎一模一樣的皮質柱構成，如何藉由運動習得一個世界的預測模型？**

這就是我和我的團隊致力回答的問題。我們相信，如果我們能夠回答這個問題，就能完成新皮質的逆向工程，將能知道新皮質做些什麼、怎麼做到，最終我們將能製造出以相同原理運作的機器。

神經科學的兩個原理

開始回答上述問題之前，有幾個基本概念必須告訴你。首先，一如身體的所有其他部分，大腦是由細胞構成的。大腦的細胞稱為神經元，在許多方面與我們所有的其他細胞相似。例如神經元有一層界定其邊界的細胞膜，也有一個含有DNA的細胞核。但神經元有幾個獨特的特性，是人體其他細胞沒有的。

首先是神經元看起來像樹木，它們的細胞膜像樹枝那樣延伸出去，這些延伸部分稱為軸突和樹

突。樹突群集於神經元細胞體周遭，負責蒐集輸入。軸突則是輸出，與附近的神經元有許多連結，但往往延伸到很遠的地方，例如從大腦的一側延伸到另一側，或從新皮質一直延伸到脊髓。

第二項差別是神經元會產生棘波（spike），亦稱動作電位（action potential）。動作電位是一種電信號，從神經元細胞體附近開始，沿軸突傳導，直至到達每個分支的末端。

第三個獨特特性是：一個神經元的軸突，會與其他神經元的樹突連結；這種連接點稱為突觸。棘波沿著軸突到達突觸時，會釋出一種化學物質，進入接收神經元的樹突。視乎釋出哪一種化學物質而定，接收神經元產生自己的棘波的可能性會上升或降低。

考慮到神經元的運作方式，我們可以提出兩個基本原理，這兩個原理對我們認識大腦和智能非常重要。

原理1：思想、意念和感知是神經元的活動

在任何一個時間點，新皮質中的一些神經元積極產生棘波，其他神經元則沒有。同時活躍的神經元數量通常很少，可能只有2％。你的想法和感知取決於哪些神經元在產生棘波。例如醫師做腦部手術時，有時必須激活清醒病人大腦裡的神經元。醫

師將一個微小的探針插入病人的新皮質，用電來激活幾個神經元。醫師這麼做時，病人可能會聽到、看到或想到一些東西。當醫師停止刺激時，病人原本正在體驗的一切就會停止。如果醫師刺激不同的神經元，病人就會有不同的想法或感知。

　　思想和體驗總是一組同時活躍的神經元產生的。個別神經元可以參與許多不同的想法或體驗。你的每一個想法都是神經元的活動，你看到、聽到或感覺到的一切也都是神經元的活動。我們的精神狀態與神經元的活動是同一回事。

原理2：我們所知的一切都儲存在神經元之間的連結裡

　　大腦記得很多東西。你有永久的記憶，例如你記得自己在哪裡長大。你有暫時的記憶，例如你記得自己昨晚吃了什麼。你還有基本知識，例如你知道如何打開一扇門或如何拼寫英文單字dictionary（字典）。所有這些東西都是利用突觸（神經元之間的連結）儲存。

　　下列是關於大腦如何學習的基本想法：每一個神經元都有數以千計的突觸，這些突觸將神經元與數以千計的其他神經元連結起來。如果兩個神經元同時產生棘波，它們之間的連結將會增強。我們學到東西時，這種連結會增強；我們忘記東西

時，這種連結會變弱。這個基本想法是唐納・赫伯（Donald Hebb）在1940年代提出的，現在被稱為「赫伯式學習」（Hebbian learning）。

許多年來，人們認為成人大腦中神經元之間的連結是固定的，而學習涉及增強或削弱突觸的強度。這仍是多數人工神經網路的學習方式。

但是，在過去幾十年裡，科學家發現，在包括新皮質的大腦許多部分，不斷有新突觸形成和舊突觸消失。一個神經元上每天都有許多突觸消失，由新突觸取而代之。因此，許多學習是靠以前並不相連的神經元之間形成新的連結。舊的或未使用的連結被完全移除時，遺忘就會發生。

我們從經驗中習得的世界模型，儲存在大腦裡神經元之間的連結裡。我們每天都在體驗新事物，藉由形成新的突觸為大腦裡的世界模型增添新知識。在任何一個時間點，活躍的神經元代表我們當下的想法和感知。

本章介紹了新皮質的幾個基本組成部分，它們是我們的一些拼圖片。在下一章，我們將開始把這些拼圖片拼起來，揭示整個新皮質的運作方式。

4

揭開大腦的祕密

人們常說大腦是宇宙中最複雜的東西，斷定大腦的運作原理無法簡單解釋，又或者我們可能永遠無法明白。從科學發現的歷史看來，這種想法是錯誤的。重大科學發現出現之前，人們對於想認識的事物，幾乎總是有令人困惑和複雜的觀察。不過，在正確的理論框架下，事物的複雜性雖然沒有消失，但看來不再令人困惑或生畏。

行星的運動是大家熟悉的一個例子。幾千年來，天文學家仔細追蹤行星在恆星間的運動。一顆行星一年裡的運動軌跡相當複雜，它在空中來來去去繞圈子。人們以前不知如何解釋這種古怪的運動，現在則是每個孩子都知道行星圍繞太陽運轉這個基本概念。行星的運動仍是複雜的，預測它們的運動軌跡涉及艱深的數學運算，但在正確的理論框

架下，這種複雜性不再神祕。科學發現的基本原理難以理解是十分罕見的，地球繞著太陽運轉是孩子也能明白的事，演化論、遺傳學、量子力學和相對論的基本原理，是高中生也能掌握的。這些科學發現出現之前，每一項都有令人困惑的觀察，但現在它們看來全都是合理、易懂的。

同樣道理，我一直認為新皮質之所以顯得複雜，主要是因為我們不明白，一旦我們在認識上有所突破，它將會顯得相對簡單。一旦掌握了答案，我們回頭看時會說：「啊！當然是這樣。為什麼我們之前沒想到呢？」當我們的研究停滯不前或有人告訴我大腦太難明白時，我就想像大腦理論未來成為所有中學課程的一部分，這使我有繼續努力的動力。

我們解開新皮質之謎的努力是有起伏的。我和我的同事為此奮鬥了十八年，其中三年在紅杉神經科學研究所，十五年在Numenta。有時我們取得小進展，有時我們取得重大進展，有時我們想出起初看似大有可為的研究主意，但最終發現自己走進了死胡同。我不打算細說所有經歷，但想講述我們的認識躍進的幾個關鍵時刻，當時大自然在我們耳邊低語，告訴我們一些我們忽略了的東西。下列是我記得非常清楚的三個這種「啊哈時刻」。

重大發現1：新皮質習得一個世界的預測模型

我已經講過，我如何在1986年意識到新皮質習得一個世界的預測模型。我認為這個想法的重要性，是再怎麼強調都不為過的。我稱它為一項發現，因為那正是我當時的感覺。哲學家和科學家談論相關想法的歷史相當悠久，而現在神經科學家說大腦習得一個世界的預測模型也不是罕見的事，但在1986年，神經科學界和教科書仍把大腦說成比較像一台電腦：接收資料輸入，處理這些資料，然後採取行動。當然，新皮質所做的並非僅限於習得一個世界的模型和作預測。但是，藉由研究新皮質如何作預測，我相信我們可以解開整個系統的運作原理之謎。

這項發現引出一個重要問題：大腦是如何作預測的？一個可能的答案是大腦有兩種類型的神經元：一種是在大腦真的看到東西時發射的神經元，另一種是在大腦預測它將看到東西時發射的神經元。為免產生幻覺，大腦必須將它的預測與現實分開。運用兩組神經元可以很好地做到這一點，但這個想法有兩個問題。

首先，因為新皮質每時每刻都在作大量預測，照理說我們應該可以找到大量的預測神經元，但研究者迄今仍未有此發現。科學家發現一些神經元在大腦接收到輸入之前變得活躍，但它們沒有我們預

期的那麼常見。第二個問題是基於一個長期困擾我的觀察：如果新皮質每時每刻都在作數以百計或數以千計的預測，為什麼我們沒有意識到大部分此類預測？如果我伸手拿起一個杯子，我不會意識到我的大腦正在預測每一根手指應有的感覺，除非我感覺到不尋常的東西，例如一條裂縫。我們不會清醒地意識到大腦所作的多數預測，除非預測出錯了。致力了解新皮質中的神經元如何作預測，促成了第二項發現。

重大發現2：預測發生在神經元內部

上一章說過，新皮質所作的預測有兩種。一種是因為你周遭的世界有所變化而產生的，例如你正在聽一段旋律，你可以閉著眼睛靜靜坐著，而隨著旋律的推進，進入你耳朵的聲音不斷改變。如果你認識這段旋律，你的大腦會持續預測下一個音符，而如果有音符不正確，你會注意到。第二種預測是因為你在世界裡動起來而產生的，例如我在辦公室的門廊鎖上我的自行車時，我的新皮質會根據我的動作，針對我將感覺、看到和聽到的東西作出許多預測。自行車和鎖本身沒有動，我的每一個動作都會引發一系列的預測，如果我改變動作的順序，預測的順序也會改變。

根據蒙卡索的同一皮質演算法構想，新皮質中

的每一個皮質柱都會作出上述兩種預測——若非如此，皮質柱的功能會有差異。我的團隊也意識到，這兩種預測是密切相關的，我們因此認為在一個子問題上取得進展，將造就另一個子問題的進展。

預測一段旋律中的下一個音符，倚賴的是順序記憶（sequence memory），這是兩個問題中比較簡單的一個，我們因此先研究。順序記憶的用途遠非僅限於認識旋律，它還用於創造行為。例如我洗完澡用毛巾擦乾身體時，我的動作往往遵循幾乎完全一樣的模式，這就是運用了順序記憶。我們的語言也運用順序記憶，識別一個口語單詞有如識別一段短旋律。一系列的音素界定了一個單詞，一系列的音程界定了一段旋律。在此之外還有許多例子，但為求簡便，我接下來僅以旋律為例。藉由推斷皮質柱中的神經元如何習得序列，我們希望發現神經元對一切事物作預測的基本原理。

我們花了數年時間研究旋律預測問題，然後才推導出答案，而它要求神經元展現許多能力。例如旋律經常有重複的段落，譬如某段合唱，或貝多芬第五號交響曲的 da da da dum。為了預測下一個音符，你不能只看前一個音符或前五個音符。正確的預測可能仰賴很久之前出現的音符，神經元必須弄清楚作出正確的預測需要多少脈絡資料。此外，神經元還必須玩猜曲子遊戲，你聽到的頭幾個音符，

可能是幾段不同旋律共有的。神經元必須留意所有
含有已出現音符的旋律，直到聽到的音符夠多，可
以確定唯一正確的答案。

　　為順序記憶問題設計一個解決方案是很容易
的，但要釐清真實的神經元——一如我們在新皮質
中看到的那樣排列——如何解決這些問題和滿足其
他要求卻十分困難。我們在幾年裡嘗試了多種不同
方案，多數在某種程度上可行，但沒有一個具有我
們需要的所有能力，也沒有一個精確地符合我們所
知道的關於大腦的生物學細節。我們對部分解決方
案或「生物啟發的」解決方案不感興趣，我們想知
道真實的神經元——一如我們在新皮質中看到的那
樣排列——是如何習得序列和作預測的。

　　我清楚記得我找到旋律預測問題答案的那一
刻，那天是2010年感恩節假期的前一天，答案突
然在我腦海裡閃現。細想之下，我意識到它需要神
經元做一些我不確定它們是否做得到的事。換句話
說，我的假說涉及幾個令人驚訝的具體預測，而這
些預測是我可以檢驗的。

　　科學家檢驗一個理論的方法，通常是做實驗以
了解該理論的預測是否正確。但神經科學比較特
別，每個子領域都有數百至數千篇已發表的論文，
多數提供未被納入任何整體理論中的實驗資料。像
我這樣的理論研究者因此可以搜索已經發表的研究

資料，尋找支持或否定一項新假說的實驗證據，藉
此快速檢驗該假說。我找到數十篇期刊論文，含有
可用來檢驗我的順序記憶新理論的實驗資料。我的
許多親人將在我家過節，但我太興奮了，無法等到
親人到齊才分享我的發現。我記得自己一邊煮食一
邊閱讀論文，並與我的親戚討論神經元和旋律問
題。我看越多資料，就越有信心自己發現了重要的
東西。

　　我的關鍵見解，是一種看待神經元的新方式。

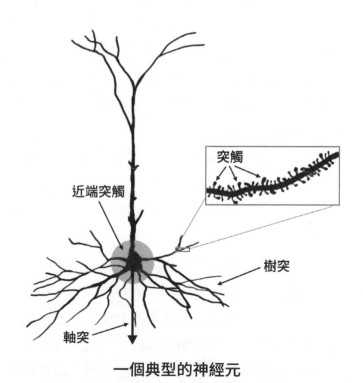

一個典型的神經元

　　上圖顯示新皮質中最常見的神經元，這種神經元有數以千計、有時甚至是數以萬計的突觸分布在樹突上。有些樹突接近細胞體（圖中近底部處），有些樹突離細胞體比較遠（圖中近頂部處）。圖中右方的長方框是一個樹突分支的放大圖，你可以看到突觸是多麼小和密集。沿著樹突凸起的每一點是一個突觸。我用陰影標出細胞體周圍的一個區域，該區域內的突觸稱為近端突觸（proximal synapses）。如果近端突觸接收到足夠的輸入，神經元就會產生棘波。棘波始於細胞體，經由軸突傳到其他神經元。上圖中看不到軸突，我加了一個朝下的箭頭來指出它的位置。如果只考慮近端突觸和細胞體，上圖就是典型的神經元示意圖。如果你讀過關於神經元的著述或研究過人工神經網路，你會認得這種描述。

　　奇怪的是，只有不到10％的突觸是在近端區域，約90％的其他突觸離細胞體太遠，無法引起棘波。如果有輸入到達這些遠端突觸的其中一個（如長方框中呈現的那些），對細胞體幾乎毫無影響。研究人員只能說，遠端突觸發揮某種調節作用。許多年來，沒有人知道新皮質中90％的突觸是做什麼的。

　　約從1990年開始，這種情況改變了，科學家發現了沿著樹突傳送的新類型棘波。在此之前，我們只知道一種類型的棘波：它始於細胞體，沿著軸突

傳送到其他細胞。但現在，我們知道還有沿著樹突傳送的其他棘波。有一種樹突棘波始於樹突分支上相鄰的約20個突觸同時接收到輸入，樹突棘波一旦啟動，會沿著樹突傳送，直到它到達細胞體。它在那裡提高了細胞的電壓，但不足以使神經元產生棘波。這就像樹突棘波在挑逗神經元，雖然強度幾乎足以使神經元活躍起來，但就是還不夠強。

　　神經元留在受刺激的狀態一小段時間之後回到正常狀態，這使科學家再度感到困惑。如果樹突棘波的強度不足以使細胞體產生棘波，那它們有什麼用呢？因為不知道樹突棘波有什麼用，人工智慧研究人員使用的模擬神經元不會產生樹突棘波，也沒有樹突和樹突上成千上萬的突觸。我認為，遠端突觸在大腦功能中必有重要作用。任何理論和神經網路如果忽略大腦中90％的突觸，必然是不對的。

　　當年我的重要創見是：樹突棘波就是預測。遠端樹突上相鄰的一組突觸同時接收到輸入，就會產生一個樹突棘波，而這意味著這個神經元已經認出其他一些神經元的某種活動模式。它在偵測到這種模式時產生一個樹突棘波，而該棘波提高細胞體的電壓，使細胞進入我們所說的預測狀態。然後這個神經元就準備好產生棘波，情況類似一名跑者在聽到「就位、預備……」時做好起跑的準備。如果處於預測狀態的神經元隨後接收到足以產生動作電位

棘波的近端輸入，這個細胞就會比並非處於預測狀態的神經元早一點產生棘波。

　　想像一下，有十個神經元的近端突觸都認出相同的活動模式，這就像起跑線上有十名選手，都在等待相同的起跑訊號。一名跑者聽到「就位、預備……」，預期比賽即將開始，因此在起跑架上做好起跑的準備。當起跑訊號響起時，她比那些因為沒有聽到提示訊號而未做好準備的選手更早脫離起跑架。其他選手因為看到有人早早領先，於是放棄起跑，等待下一場比賽。這種競爭發生在整個新皮質中。

　　在每一個微皮質柱中，多個神經元對相同的輸入模式作出反應，就像起跑線上的選手，全都在等待同一個訊號。如果期待的輸入出現，它們全都想開始產生棘波。但根據我們的理論，如果一個或多個神經元處於預測狀態，只有這些神經元會產生棘波，其他神經元則受抑制。因此，如果接收到意料之外的輸入，多個神經元會同時發射。但如果輸入是在預期之中，則只有處於預測狀態的神經元會活躍起來。這是一個關於新皮質的常見觀察：意料之外的輸入引起的活動，比預期中的輸入多得多。

　　如果你拿幾千個神經元，把它們組織成多個微皮質柱，讓它們相互連結，並加入一些抑制性神經元（inhibitory neurons），那麼它們將能解決猜曲子問題，不會被重複的子序列迷惑，而且作為一個

整體，它們將能預測序列中的下一個元素。

　　這當中的訣竅是對神經元的一種新認識。我們之前知道，預測是大腦無所不在的一項功能，但我們不知道預測是如何發生或在哪裡發生的。因為我的這項發現，我們現在知道，多數預測發生在神經元內部。一個神經元認出一種模式，產生一個樹突棘波，做好比其他神經元更早產生棘波的準備，預測就是這樣發生的。因為有成千上萬的遠端突觸，每個神經元可以認出數以百計的模式，而這些模式預測神經元何時應該活躍起來。預測是置入構成新皮質的神經元內部的一項功能。

　　我們花了超過一年的時間，檢驗新的神經元模型和順序記憶迴路。我們編寫了測試其能力的軟體模擬程式，驚訝地發現少至兩萬個神經元，就能習得數千個完整的序列。我們發現，即使30％的神經元死亡或輸入有雜訊，順序記憶功能仍可繼續運作。我們花越多時間檢驗理論，就越有信心它真的捕捉到新皮質中發生的事。我們還從研究實驗室發現越來越多實證證據支持我們的想法，例如我們的理論預測了樹突棘波的一些特定表現。起初，我們無法找到確鑿的實驗證據，不過在與一些實驗研究者交流之後，我們對他們的發現有了進一步的認識，因此明白他們的資料與我們的預測一致。2011年，我們在一份白皮書中首度發表了該理論。

2016年，我們發表了一篇經同儕評審的期刊論文，標題是〈為什麼神經元有成千上萬個突觸？新皮質的順序記憶理論〉（"Why Neurons Have Thousands of Synapses, a Theory of Sequence Memory in the Neocortex"）。這篇論文得到的反應令人振奮，迅速成為該期刊閱讀次數最多的論文。

重大發現3：皮質柱的祕密是參考框架

我們接下來把注意力轉向預測問題的後半部分：我們在動時，新皮質如何預測下一個輸入？與一段旋律不同的是，這種情況下的輸入順序並不固定，因為它取決於我們怎麼動。例如我向左看會看到某些東西，向右看會看到另一些東西。皮質柱要預測下一個輸入，必須知道當事人接下來會怎麼動。

預測一個序列中的下一個輸入，與預測我們在動時的下一個輸入是類似的問題。我們意識到，如果神經元接收到代表感測器怎麼動的一項額外輸入，我們的順序記憶迴路就能兼具作這兩種預測的能力。但是，我們不知道這個與運動有關的訊號應該是怎樣的。

我們從我們能想到的最簡單的可能開始研究：與運動有關的訊號，會不會只是「向左移動」或「向右移動」呢？我們檢驗了這個想法，結果是可行的。我們甚至做了一支小機械臂，可以在向左或

向右移動時，預測它將接收到的輸入；我們還在一個神經科學會議上做了演示。不過，我們的機械臂有其局限。它可以處理簡單的問題，例如兩個方向的移動，但如果我們希望它處理現實世界的複雜情況，例如同時多方向移動，它就需要太多的訓練。我們覺得我們已經接近找到正確答案，但有些地方出錯了。我們試了幾種「變奏」，但都不成功，這真令人沮喪。幾個月後，我們走進了死胡同。我們不知道如何解決問題，因此暫時把問題放在一邊，先做其他研究工作。

2016年2月底，我在辦公室等我太太珍妮特一起去吃午飯。我手裡拿著一只Numenta咖啡杯，看著我的手指在觸摸杯身。我問自己一個簡單的問題：我的大腦需要知道什麼，才能預測我的手指移動時將有的感覺？如果我有一根手指放在杯子側面，而我把它向上移動，我的大腦會預測我將感覺到杯口的圓形曲線。我的大腦在我的手指觸碰到杯口之前作出這項預測。大腦需要知道什麼，才能作出這項預測？答案不難說明，大腦需要知道兩件事：我的手指正在觸摸什麼東西（在這個例子中是咖啡杯），以及我的手指移動之後，將會在杯子上的什麼位置。

注意，大腦需要知道的，是我的手指相對於杯子的位置。我的手指相對於我身體的位置並不重

要，杯子在哪裡或怎麼放也不重要。杯子可以是向
左或向右傾斜，可以在我前面，也可以在我旁邊。
重要的是我的手指相對於杯子的位置。

此一觀察意味著新皮質中必須有神經元利用一
種附在咖啡杯上的參考框架，代表我的手指的位
置。我們一直在尋找的與運動有關的訊號，那個我
們預測下一個輸入所需要的訊號，就是「物件上的
位置」。

你很可能在中學時學過參考框架，界定物體在
空間中位置的x、y、z軸，就是參考框架的一個例
子。我們熟悉的另一個例子是緯度和經度，它們界
定了地球表面上的位置。起初我們很難想像神經元
如何能代表像x、y、z座標這種東西，但更令人費
解的是，神經元可以將一種參考框架附在咖啡杯這
種物件上。杯子的參考框架是相對於杯子的，這個
參考框架因此必須隨杯子移動。

想像一張辦公椅。我的大腦會預測我觸摸椅子
時的感覺，一如大腦會預測我觸摸咖啡杯時的感
覺。因此，我的新皮質中必須有神經元知道我的手
指相對於椅子的位置，這意味著新皮質必須建立一
個固定在椅子上的參考框架。如果我把椅子轉一
圈，參考框架將隨著椅子轉一圈。如果我翻轉椅
子，參考框架也將翻轉。你可以把參考框架想成一
個無形的3D網格，圍繞著椅子，附在椅子上。因

為神經元是簡單的東西，很難想像它們能夠創造參考框架，並將這些框架附在物件上，而這些物件甚至可能在世界裡移動，但還有更令人驚訝的事。

我身體的不同部位，例如指尖、手掌、嘴脣，可能同時觸碰咖啡杯。大腦根據每個部位在杯子上的獨特位置，分別預測它們將得到的感覺。因此，大腦不是只作一項預測，而是同時作數十、甚至數百項預測。新皮質必須知道觸碰杯子的每一個部位相對於杯子的位置。

我意識到視覺與觸覺的原理相同。視網膜的許多小塊類似皮膚的許多小塊，你的每一塊視網膜只看到整個物件的一小部分，就像你的每一塊皮膚僅觸碰到物件的一小部分。大腦並不是處理完整的圖像；它從眼球後面的圖像開始，但接著把它分解為數百片，然後將每一片分配到相對於被觀察物件的一個位置。

創造參考框架和追蹤位置並不簡單。我知道這當中涉及的運算，需要若干不同類型的神經元和多層細胞才能完成。由於每一個皮質柱中的複雜迴路全都相似，追蹤位置和創造參考框架必須是新皮質的普遍功能。新皮質中的每一個皮質柱，無論代表視覺輸入、觸覺輸入、聽覺輸入、語言或高階思維，都必須有代表參考框架和位置的神經元。

在那之前，多數神經科學家，包括我在內，都

認為新皮質主要是處理感官輸入。我在那天意識到，我們必須把新皮質想成主要是處理參考框架。新皮質的大部分迴路是用來創造參考框架和追蹤位置的。感官輸入當然是必要的，正如我將在接下來的章節中解釋，大腦將感官輸入與參考框架中的位置聯繫起來，藉此建立世界的模型。

　　為什麼參考框架如此重要？它們對大腦有何貢獻？首先，參考框架使大腦得以習得事物的結構。咖啡杯這樣物品，由一組要素和表面構成，在空間中有特定的相對位置。同樣道理，臉孔由鼻子、眼睛和嘴構成，有特定的相對位置。你需要一個參考框架來指定各要素的相對位置和結構。

　　第二，藉由利用參考框架界定一個物件，大腦可以一次處理整個物件。例如一輛汽車有許多要素，都有特定的相對位置。一旦我們建立了汽車的參考框架，就可以想像它從不同角度觀察的樣子，或是車子拉長的樣子。要做到這些並不簡單的事，大腦只需要旋轉或拉長車子的參考框架，然後車子的所有要素就會隨之旋轉或拉長。

　　第三，我們需要一個參考框架來規劃和執行運動。舉個例子：我的手指放在手機螢幕上，我想按下手機頂端的電源鍵。如果我的大腦知道手指目前的位置和電源鍵的位置，就能計算出手指從當前位置移到我想去的新位置所需要的運動。要完成這項

計算，大腦需要一個相對於手機的參考框架。

參考框架在許多領域都有應用，機器人專家利用它們規劃機器人手臂或身體的運動，動畫片利用參考框架表現角色的運動。有些人表示，某些人工智慧應用可能需要參考框架。但據我所知，在我意識到這件事之前，沒有人認真討論過新皮質的運作仰賴參考框架，而且每個皮質柱中多數神經元的功能是創造參考框架和追蹤位置。現在對我來說，這是顯而易見的事。

弗農‧蒙卡索認為有一種所有皮質柱通用的演算法，但他不知道這種演算法是什麼。法蘭西斯‧克里克認為我們需要一個新框架來認識大腦，但他不知道這個框架應該是怎樣的。2016年那一天，我手裡拿著咖啡杯，意識到蒙卡索的演算法和克里克的框架都是基於參考框架。我還不知道神經元如何創造和利用參考框架，但我知道它們一定有這種功能。參考框架就是我們忽略的要素，是揭開新皮質之謎和認識智能的關鍵。

所有這些關於位置和參考框架的想法，彷彿是一瞬間出現在我的腦海裡。我興奮極了，從椅子上跳起來，跑去告訴我的同事蘇布泰‧阿邁德（Subutai Ahmad）。在奔向他桌子的20呎路途中，我碰到了珍妮特，差點把她撞倒。我亟欲立刻與蘇布泰講話，但在我扶住珍妮特並向她道歉時，我意

識到稍後再找蘇布泰會比較明智。珍妮特和我一邊
討論參考框架與位置，一邊分享一杯優格冰淇淋。

　　這裡很適合回答一個我常被問到的問題：
如果一個理論尚未經過實驗檢驗，我怎麼
可以說得那麼有信心？我剛剛講述的就
是這樣一種情況。我意識到新皮質大量利
用參考框架，然後立即開始非常確定地談
論這件事。在我寫這本書時，越來越多證
據支持這個新想法，但仍未經過徹底的檢
驗，而我毫不猶豫地把它當成事實講述，
原因如下。

　　我們處理一個問題時，會發現我所說
的限制因素（constraints），它們是問題的
解決方案必須處理的。我在講述順序記憶
時，提到限制因素的幾個例子，例如猜曲
子遊戲的要求。大腦的結構和生理特徵也
是限制因素。大腦理論最終必須解釋大腦
的所有細節，而正確的理論不能違反任何
一個細節。

　　你研究一個問題越久，發現的限制因
素會越多，設想解決方案就會越困難。我
在本章講述的啊哈時刻，是關於我們研究
了多年的問題。因此，我們對這些問題的

認識很深，我們的限制因素清單也很長。一個解決方案正確的可能性，會隨著它滿足的限制因素增加而指數式上升。這就像玩填字遊戲：單一提示往往有幾個字彙符合，隨意選一個可能是錯的，如果有兩個相交的字彙符合各自的提示，它們都正確的可能性就大增。如果找到十個相交的字彙全都符合各自的提示，它們全都錯誤的可能性就微乎其微，你可以毫無顧慮地用原子筆寫上答案。

當你有個新想法滿足多個限制因素時，啊哈時刻就會出現。你研究問題的時間越長——解決方案解決的限制因素因此越多——「啊哈」的感覺就越強烈，你對這個答案的信心也就越強。新皮質大量利用參考框架這個想法解決了非常多限制因素，我因此立即知道它是正確的。

我們花了超過三年時間釐清此一發現的涵義，而在我撰寫本書時，我們的工作仍未完成。我們迄今已經根據這項發現發表了幾篇論文，第一篇論文的標題是〈關於新皮質中的皮質柱如何使大腦得以習得世界結構的一個理論〉（"A Theory of How Columns in the Neocortex Enable Learning the

Structure of the World"）。這篇論文從我們在2016年關於神經元和順序記憶的論文中描述的那種迴路說起，然後我們加了一層代表位置的神經元，以及代表被感知的物件的第二層神經元。加了這兩層神經元之後，我們證明了單一皮質柱可以藉由多次的感覺和運動，習得物件的立體形狀。

　　舉例而言，想像一下你把手伸進一個黑盒子裡，以一根手指觸摸一件新奇的東西。你可以藉由移動手指滑過物件的邊緣，習得整件東西的形狀。我們的論文解釋了單一皮質柱可以如何做到這件事，我們還說明了一個皮質柱可以如何以同樣方式認出以前認識的物件。我們接著說明了新皮質中的多個皮質柱可以如何合作，以便大腦更快認出物件。例如你把手伸進黑盒子裡，如果你用整隻手抓住一個未知物件，你認出它需要的動作會比較少，甚至可能只需要一次抓握。

　　我們對提交這篇論文感到緊張，曾討論過是否應該再等等。在這篇論文中，我們提出這個想法：整個新皮質藉由創造參考框架運作，而同時活躍的參考框架成千上萬。這是個根本性革新觀念的想法，但對於神經元實際上如何創造參考框架，我們沒有提出任何想法。我們的論點像是這樣：「根據我們的推斷，位置和參考框架必然存在，而假設它們確實存在，皮質柱可能是這麼運作的。啊，對

了，我們不知道神經元實際上可以如何創造出參考框架。」我們最後決定提交論文。我問自己：即使這篇論文的內容不完整，我會想看嗎？我的答案是肯定的。新皮質利用每一個皮質柱代表位置和參考框架，這個想法太令人興奮了，不能因為我們不知道神經元如何做到這件事就擱置發表。我確信我們的基本概念是正確的。

完成一篇論文需要很多時間，光是撰文本身就可能需要幾個月，此外往往必須做模擬，而這可能又需要幾個月。在這個過程的尾聲，我想到了一件事，在提交論文前把它加到論文裡。我認為我們或許可以藉由研究內嗅皮質（entorhinal cortex）這個大腦比較古老的部分，找到新皮質中的神經元如何創造參考框架的答案。幾個月後論文獲接納時，我們知道這個猜想是正確的，我將在下一章討論。

本章講了很多東西，最後快速回顧一下。這一章的目的是向你介紹新皮質中每一個皮質柱，都會創造參考框架這個觀點。我向你說明了我們得出這個結論所經歷的步驟。我們從這個概念談起：新皮質習得一個豐富和具體的世界模型，利用這個模型不斷預測下一個感官輸入將是什麼。我們接著思考神經元如何作出這些預測。這促使我們想出一個新理論：多數預測由樹突棘波代表，它們暫時改變了神經元內部的電壓，使神經元可以比在其他情況下

快一點發射。這些預測沒有經由細胞的軸突傳送到其他神經元，這就是我們沒有意識到多數預測的原因。我們接著說明了新皮質中的迴路根據這個新神經元模型，可以如何習得和預測序列。我們將此一概念應用在這個問題上：如果感官輸入因為我們自己的運動而不時改變，這種迴路可以如何預測下一個感官輸入？我們推斷，每一個皮質柱必須知道它接收的輸入相對於被感知物件的位置，才可以作出這些感覺運動預測。要做到這一點，皮質柱需要一個固定在物件上的參考框架。

5

大腦裡的地圖

我們花了多年時間，才推斷出新皮質裡隨處都有參考框架，但事後看來，我們其實可以根據一項簡單的觀察，早就明白這一點。這一刻我坐在Numenta辦公室的一個小休息區裡，附近有三張與我所坐的椅子相似的舒適椅子。椅子之外有幾張獨立的桌子，而在桌子之外，我看到街對面的舊法院大樓。來自這些物體的光線進入我的眼睛，投射到視網膜上，視網膜上的細胞將光轉化為棘波。視覺始於這裡，也就是眼球後面。那麼，為什麼我們不會認為這些物體是在眼睛裡面？如果椅子、桌子和法院大樓在我的視網膜上相鄰成像，我是如何察覺到它們是在不同距離之外的不同位置？同樣地，如果我聽到一輛汽車靠近，為什麼我會察覺到車子是在我右方一百呎處，而不是在我的耳朵裡，聲音

實際所在處？

　　這項簡單的觀察，即我們察覺物體是在某處，不是在我們的眼睛或耳朵裡，而是在世界裡的某個位置，告訴我們大腦必須有一種神經元，其活動代表我們所感知的每個物體的位置。

　　我在上一章的最後面告訴大家，我們對提交第一篇關於參考框架的論文感到緊張，因為當時我們不知道新皮質裡的神經元如何創造和運用參考框架。我們當時提出一個關於新皮質如何運作的重要新理論，但該理論主要是基於邏輯推演。如果我們可以說明神經元如何創造和運用參考框架，那將是一篇更有力的論文。在我們提交論文的前一天，我加了幾句話，暗示答案或許可以在內嗅皮質這個大腦比較古老的部分找到。我將利用一個關於演化的故事，告訴大家我提出這個想法的原因。

一個關於演化的故事

　　動物開始在世界裡移動時，需要一種機制來決定移動的方向。簡單的動物利用簡單的機制，例如有些細菌是看梯度移動：如果某種所需資源（例如食物）在增加，這些細菌比較可能持續往同一方向移動；如果資源在減少，就比較可能嘗試不同的方向。細菌不知道自己在哪裡，因為它沒有任何辦法記住自己在世界裡的位置。它只是向前移動，並且

利用一種簡單的規則決定何時改變方向。稍微複雜一點的動物，例如蚯蚓，可能會移動以便留在溫度適中、食物和水供給無虞的範圍之內，但牠不知道自己在花園裡的位置，不知道自己離磚路有多遠，也不知道最近的柵欄杆在哪個方向和離自己多遠。

　　現在來想想動物知道自己身在何處，總是知道自己相對於環境的位置，會有什麼好處。這種動物記得自己過去曾在哪裡找到食物，以及曾利用什麼地方避難。牠可以推斷出如何從目前的位置，前往這些地方和牠曾經去過的其他地方。牠可以記得前往水坑的路徑，以及一路上各處曾經遇到的事。知道自己和其他事物在世界裡的位置有很多好處，但這需要一種參考框架。

　　前文說過，參考框架就像地圖上的網格。例如在一張紙地圖上，你可能利用有標記的行和列來為某些東西定位，譬如D列第7行。地圖上的行和列是地圖所代表區域的參考框架。如果動物有一個牠所處世界的參考框架，就可以在探索世界時記住自己在各個位置的發現。如果牠想去某處，例如避難的地方，就可以利用這個參考框架推斷出如何從當前位置前往那裡。掌握一個關於所處世界的參考框架，對生存很有幫助。

　　在世界裡航行的能力非常寶貴，生物因此在演化中發現了多種方法做這件事。例如有些蜜蜂可以

利用一種舞蹈，傳達關於距離和方向的資料。哺乳動物，譬如我們自己，擁有一種強大的內部導航系統。我們的大腦較古老的部分有一些神經元，習得我們去過之處的地圖，它們長期承受演化的壓力，結果微調出這種能力。在哺乳動物中，這些創造地圖的神經元存在於稱為海馬迴和內嗅皮質的舊大腦部位。以人類而言，這些器官約為一根手指那麼大，大腦兩側靠近中心的位置各有一組。

舊腦中的地圖

1971年，科學家約翰・歐基夫（John O'Keefe）和他的學生喬納森・多斯托夫斯基（Jonathan Dostrovsky）將一條導線置入老鼠的大腦。這條線向上指向天花板，記錄海馬迴中單一神經元的棘波活動，以便他們在老鼠在環境中移動和探索時（通常是在桌子上的一個大盒子裡），記錄那個腦細胞的活動。他們發現了現在稱為「位置細胞」（place cell）的東西：老鼠在特定環境中每次身處特定位置時，這種神經元就會發射。位置細胞就像地圖上的「當前位置」標記，在老鼠移動的過程中，每到達一個新位置，都會有不同的位置細胞活躍起來。如果老鼠回到之前去過的位置，對應的同一個位置細胞會再度活躍起來。

2005年，梅布里特・莫澤（May-Britt Moser）與

愛德華・莫澤（Edvard Moser）實驗室的科學家，
利用一種類似的裝置和老鼠做實驗，記錄與海馬迴
相鄰的內嗅皮質的神經元發出的訊號。他們發現了
現在稱為「網格細胞」（grid cell）的東西，這些細
胞在一個環境中的多個位置發射，活躍起來的那些
位置形成一個網格圖案。如果老鼠在一條直線上移
動，同一個網格細胞會以相同的間隔一次又一次地
活躍起來。

　　位置細胞和網格細胞的具體運作方式相當複
雜，至今仍未完全釐清，但你可以把它們想成是為
老鼠所處的環境繪製地圖。網格細胞就像紙地圖上
的行和列，覆蓋在動物所處的環境上，使動物得以
知道自己的位置，預測自己移動時將去到什麼位
置，以及規劃自己的運動。例如我若在地圖上的
B4位置，想去D6，那麼根據地圖上的網格，我知
道自己必須向右走兩格，再向下走兩格。

　　但網格細胞本身不會告訴你那個位置有些什麼
東西。例如我若告訴你，你在地圖上的A6位置，
這個資料沒有告訴你那個位置有什麼東西。要知道
A6有什麼，你必須看地圖，看看那個方格上印有
什麼。位置細胞就像印在方格上的資料。哪些位置
細胞活躍起來，取決於老鼠在那個特定位置感覺到
什麼。位置細胞根據感官輸入告訴老鼠牠在哪裡，
但位置細胞本身對規劃運動沒有用——這件事需要

網格細胞。這兩種類型的細胞互相合作，為老鼠所處的環境建立一個完整的模型。

　　每次老鼠進入一個環境，網格細胞都會建立一個參考框架。如果那是一個新的環境，網格細胞會建立一個新的參考框架。如果老鼠認出這個環境，網格細胞會重新建立以前用過的參考框架。這種過程類似你進入一座城鎮，如果你環顧四周，發現這是你曾經到訪的地方，你會拿出這座城鎮的正確地圖。如果這個小鎮看來很陌生，你會拿出一張白紙，開始為它畫一幅新地圖。你在城鎮裡走動，在地圖上記下你在每個地方看到的東西。這就是網格細胞和位置細胞所做的事，它們為每一個環境創建獨特的地圖。在老鼠移動的過程中，活躍的網格細胞和活躍的位置細胞會改變以反映新位置。

　　人類也有網格細胞和位置細胞，除非你完全迷失方向，你總是對自己身處何方有意識。我現在站在我的辦公室裡，即使我閉上眼睛，我的位置感仍存在，我還是知道自己在哪裡。我閉著眼睛向右走兩步，我在房間裡的位置感就改變了。我大腦裡的網格細胞和位置細胞，已經為我的辦公室繪製了一幅地圖，即使我閉著眼睛，這些細胞還是可以追蹤我在辦公室裡的位置。在我行走時，活躍的網格細胞和位置細胞會改變以反映我的新位置。人類、老鼠、所有哺乳動物，都利用相同的機制來掌握自己

的位置。我們都有網格細胞和位置細胞，為我們去
過的地方建立模型。

新腦中的地圖

我們在寫2017年那篇關於新皮質中的位置和參
考框架的論文時，我對位置細胞和網格細胞有一些
認識。我想到，知道我的手指相對於咖啡杯的位置，
類似於知道我的身體相對於房間的位置。我的手指
在杯子上移動，就像我的身體在房間裡移動那樣。
我意識到，新皮質中可能有一些神經元等同海馬迴
和內嗅皮質裡的一些神經元。這些在新皮質中功能
類似位置細胞和網格細胞的神經元習得物體的模
型，方式類似位置細胞和網格細胞習得環境的模型。

基於它們在基本導航中的作用，位置細胞和網
格細胞在演化上幾乎肯定比新皮質來得古老。因
此，我估計新皮質比較可能利用網格細胞的衍生物
創造參考框架，而不是從頭演化出一種新機制。但
在2017年，據我們所知，沒有任何證據顯示新皮質
有類似網格細胞或位置細胞的東西，因此我只是作
出了一種「知情」猜測。

我們2017年的論文獲接納後不久，我們得知最
近一些實驗顯示，新皮質的某些部分可能有網格細
胞（我將在第7章討論這些實驗。）這樣的消息令
人鼓舞。我們花越多時間研究與網格細胞和位置細

胞有關的文獻，就越相信每一個皮質柱中都有執行類似功能的細胞。我們在2019年的一篇論文中首度提出這個論點，論文標題為〈基於新皮質中的網格細胞的一個智能與皮質功能框架〉（"A Framework for Intelligence and Cortical Function Based on Grid Cells in the Neocortex"）。

同樣地，要習得物體的完整模型，你既需要網格細胞，也需要位置細胞。網格細胞創造一個參考框架來指明位置和規劃運動，但你也需要由位置細胞代表的感覺資訊，以便將感官輸入與參考框架中的位置聯繫起來。

新皮質中繪製地圖的機制，並不是完全複製舊腦中的機制。證據顯示，新皮質運用相同的基本神經機制，但在幾個方面有所不同。情況有如大自然剝去海馬迴和內嗅皮質的一些部分，留下了一種極簡模式，然後複製十幾萬份，將它們並排置於皮質柱中——這就形成了新皮質。

舊腦中的網格細胞和位置細胞主要追蹤身體的位置，它們知道身體在當前環境中的位置。另一方面，新皮質約有15萬個這種迴路，每個皮質柱都有一個。因此，新皮質同時追蹤成千上萬個位置，例如你的每一小塊皮膚和每一小塊視網膜，在新皮質中都有自己的參考框架。你的五個指尖觸摸一個杯子，就像五隻老鼠在探索一個盒子。

微型空間裡的大量地圖

　　那麼，大腦裡的模型是什麼樣子的？新皮質如何在每一平方毫米的空間裡塞進數百個模型？為了說明這當中的原理，我們且回到我們的紙地圖比喻。假設我有一幅某個小鎮的地圖，我把它攤開在桌子上，看到它被行和列分割成100個方格。A1方格在左上角，J10在右下角，每個方格中都印有我在該鎮那個位置應該會看到的東西。

　　我拿起一把剪刀，剪下每一個方格，標上它的網格座標，例如B6、G1，諸如此類。我還在每個方格上標記「城鎮1」。然後我對另外九幅地圖做了同樣的事，每幅地圖代表一座不同的城鎮。現在我有一千個方格：十座城鎮各有一百個地圖方格。我像洗撲克牌那樣，將這些方格混在一起，堆成一疊。雖然這疊地圖方格裡有十幅完整的地圖，但每次只能看到一個方格代表的地方。現在有人蒙上我的眼睛，隨機把我扔在十座城鎮中某鎮的某處。我摘下眼罩，環顧四周，起初不知道自己身處何方。然後我看到自己站在一座噴泉前面，那裡有一件婦人在看書的雕塑。我逐一翻閱我的地圖方格，直到我看到那個顯示這座噴泉的方格。該方格標記著城鎮3、位置D2，這樣我就知道自己在哪一座城鎮，也知道我在該鎮何處。

接下來我可以做幾件事，例如我可以預測我開始行走後會看到什麼。我現在的位置是D2，向東走會走到D3。我在那疊方格中搜索，找到標記著城鎮3、D3的方格，它顯示那裡是一個遊樂場。藉由這種方式，我可以預測自己往某個方向前進會遇到什麼。

也許我想去鎮上的圖書館。我可以在那疊方格中搜索，直到我找到顯示城鎮3一座圖書館的方格，它的位置標示為G7。因為我目前在D2，我可以算出我必須向東走3個方格和向南走5個方格，才能到達圖書館。前往這座圖書館有幾條不同的路線可以選擇。我利用我的地圖方格，每次一個，就能想像自己走某一條路線會遇到什麼。我選了一條會經過一間冰淇淋店的路線。

現在來考慮一種不同的情況。我被送到一個未知的地方後摘下眼罩，看到一間咖啡店。但我在查閱我那疊地圖方格之後，發現類似的咖啡店出現在五個方格裡，其中兩間咖啡店在同一個小鎮，另外三間各在不同的城鎮。我可能身處這五個地方的任何一個，我應該怎麼做？我可以藉由走動來消除這種模糊性。我著眼於我可能身處的五個方格，然後查看如果我向南走，在每一種情況下會看到什麼東西。五個方格的答案都不同。為了釐清我在哪裡，我真的向南走，然後我看見的東西，就會消除我面

臨的不確定性，使我知道自己身處何方。

　　這種使用地圖的方式，與我們通常使用地圖的方式不同。首先，那疊地圖方格包含了我們所有的地圖。藉由這種方式，我們利用這疊地圖方格來釐清我們身處哪一座城鎮，以及在那個小鎮裡的什麼位置。

　　第二，如果我們不確定自己在哪裡，可以藉由走動來確定自己身處的城鎮和位置。這就像你把手伸進一個黑盒子裡，用一根手指觸摸一個未知物體。如果只觸摸一次，你很可能無法確定你摸到的是什麼東西。你可能必須移動手指一次或多次，才能作出判斷。藉由移動手指，你將同時發現兩件事：你將認出你觸摸的東西，而在那一刻，你也知道你的手指在物體上的位置。

　　最後，這個系統可以擴大運作規模，非常迅速地處理大量地圖。在前述的紙地圖比喻中，我說搜索地圖方格是逐個方格查看。如果有很多地圖，這種方式可能非常費時。但神經元運用的是所謂的聯想記憶（associative memory），細節不必在此說明，你只需要知道這種記憶使神經元得以一次搜索所有的地圖方格。神經元搜索一千幅地圖，與搜索一幅地圖所費的時間是一樣的。

皮質柱中的地圖

　　現在我們來看新皮質中的神經元如何執行像地圖那樣的模型。我們的理論認為每一個皮質柱都可以習得完整物體的模型,因此每一個皮質柱——新皮質的每一平方毫米——都有自己的一組地圖方格。皮質柱做到這件事的方式相當複雜,我們仍未完全明白,但我們了解基本原理。

　　前文說過,一個皮質柱有多層神經元,創造地圖方格需要數層神經元。下列是簡化的示意圖,有助你了解我們對皮質柱運作方式的想法。

　　圖中呈現一個皮質柱中的兩層神經元(陰影框)。雖然皮質柱很小,只有大約一毫米寬,但這

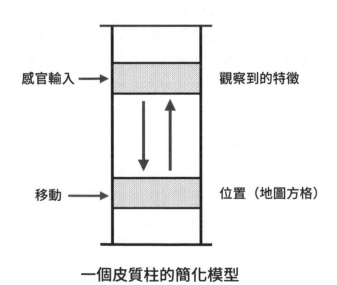

一個皮質柱的簡化模型

些神經元層每一層可能有一萬個神經元。

　　上層接收進入皮質柱的感官輸入，一個輸入到達會導致數百個神經元活躍起來。在那個紙地圖比喻中，上層代表你在某個位置觀察到的東西，例如那座噴泉。

　　底層代表參考框架中的當前位置。在紙地圖比喻中，下層代表一個位置，例如城鎮3、位置D2，但不代表在那裡觀察到的東西。它就像一個空白的方格，僅標記著城鎮3、位置D2。

　　兩個垂直箭頭代表空白地圖方格（下層）與在該位置看到的東西（上層）之間的聯繫。向下的箭頭代表觀察到的東西（例如噴泉）與某座城鎮的某個位置聯繫起來。向上的箭頭將特定的位置（城鎮3、位置D2）與觀察到的東西聯繫起來。上層大致相當於位置細胞，下層大致相當於網格細胞。

　　習得一個新物體，例如咖啡杯，主要是靠習得這兩層腦細胞之間的聯繫，即垂直箭頭。換句話說，像咖啡杯這樣一個物體，是由一組觀察到的特徵（上層）與杯子上的一組位置（下層）的聯繫來界定的。如果你認得一個特徵，就可以確定其位置。如果你認得位置，就可以預測特徵。

　　基本的資料流動如下：一個感官輸入來到，由上層的神經元代表。這喚起下層與該輸入有關的位置。運動發生時，例如當你移動手指時，下層會改

變以反映預期中的新位置，這引起對上層將接收的下一個輸入的預測。

如果原始輸入是模糊的（例如前述那個咖啡店例子），這個網絡會在下層喚起多個位置（例如有咖啡店的所有位置。）這正是你用一根手指觸摸咖啡杯杯口邊緣的情況。許多東西都有類似的邊緣，所以你一開始無法確定你正在觸摸什麼。當你移動時，下層會改變以反映所有可能的位置，然後產生對上層輸入的多項預測。接下來的一個輸入，將排除那些不符合的位置。

我們在軟體中模擬了這個兩層的迴路，對每層神經元的數量作了切合實際的假設。我們的模擬證明，單個皮質柱不但可以習得物體的模型，每個皮質柱還可以習得數百個模型。我們在2019年的論文〈新皮質中的位置：利用皮質網格細胞的感覺運動物體識別理論〉（"Locations in the Neocortex: A Theory of Sensorimotor Object Recognition Using Cortical Grid Cells"）中描述了相關神經機制和模擬。

定向

皮質柱要習得物體的模型，還必須具有其他功能，例如必須知道方向。假設你知道你在哪座城鎮，也知道你在該鎮的哪個位置，現在我問你：「如果你向前走一個街區，你會看到什麼？」你會

問：「是往哪個方向走？」知道自己的位置不足以預測你行走時將看到什麼，你還必須知道你面向何方，也就是必須知道你的前進方向。要預測你在某個位置會看到什麼，也需要定向。例如你站在一個街角，面向北方時可能會看到一座圖書館，面向南方則可能看到一個遊樂場。

舊腦中有一些稱為「頭部方向細胞」（head direction cell）的神經元，顧名思義，這些細胞代表動物的頭部面向的方向。頭部方向細胞的作用就像一個指南針，但與磁北無關，而是配合一個房間或環境調校。如果你站在一個熟悉的房間裡，然後閉上眼睛，你對自己面向何方仍有意識。如果你在閉著眼睛的情況下轉動身體，你的方向感會改變，這種感覺是由你的頭部方向細胞創造的。當你轉動身體時，你的頭部方向細胞會改變，以反映你在房間裡的新方向。

皮質柱必須有細胞執行與頭部方向細胞相若的功能，我們以較為籠統的「定向細胞」（orientation cell）稱呼它們。想像一下，你正在用食指觸摸咖啡杯的杯口，手指的實際感覺取決於它的方向。例如你的手指可以留在同一位置，但繞著接觸點旋轉。當你這麼做時，手指的感覺會有變化。因此，為了預測它接收的輸入，皮質柱必須有細胞代表方向。為求簡便，我在前文的皮質柱示意圖中沒有畫

出定向細胞和其他細節。

　　總結一下，我們提出每個皮質柱都習得物體的模型這個想法。皮質柱做這件事的方法，與舊腦習得環境模型的方法大致相同。我們因此提出，每個皮質柱都有一組細胞相當於網格細胞，另一組細胞相當於位置細胞，還有一組細胞相當於頭部方向細胞，而這三類細胞都是先在舊腦某些部分發現的。我們利用邏輯推演得出這個假說，有越來越多實驗證據支持我們的想法，我將在第7章列出。

　　但在那之前，我們將著眼於新皮質這個整體。前文說過，每個皮質柱都很小，寬度與很細很細的麵條相若，但新皮質很大，展開約有一張大餐巾那麼大。人類的新皮質約有15萬個皮質柱，並不是所有皮質柱都負責為物體建立模型，其他皮質柱做些什麼是下一章的主題。

6
概念、語言與高階思維

人類優越的認知功能，是我們與我們的靈長類親戚最大的差別。我們的視覺和聽覺能力與猴子相似，但只有人類會使用複雜的語言，製造複雜的工具如電腦，以及能夠探討演化、遺傳和民主之類的概念。

弗農・蒙卡索認為，新皮質中每一個皮質柱都執行相同的基本功能。果真如此，在某個基本層面上，語言和其他高階認知能力，與視覺、觸覺和聽覺能力是一樣的。這不是顯而易見的事，閱讀莎士比亞的著作與拿起一個咖啡杯看來並不相似，但根據蒙卡索的想法，兩者基本上是同一回事。

蒙卡索知道皮質柱並不完全相同，例如從手指獲得輸入的皮質柱，與理解語言的皮質柱有物質上的差異，但兩者相似之處多過差異。蒙卡索因此

推斷，一定有某種基本功能支撐新皮質所做的一切——並非僅限於感知，還包括我們視為屬於智能的所有能力。

視覺、觸覺、語言、哲學之類的不同能力本質上相同，這樣的想法是許多人難以接受的。至於這背後的共同功能是什麼，蒙卡索沒有提出他的想法，而答案實際上也很難想像，人們因此很容易忽視他的理論或直接否定。例如語言學家就經常把語言說成與所有其他認知能力不同；如果他們接受蒙卡索的想法，他們可能會尋找語言與視覺能力的共同點，以便更好地認識語言。對我來說，蒙卡索的想法令人興奮到不容忽視，而我發現，實證證據壓倒性地支持這個想法。我們因此面對一道引人入勝的謎題：什麼樣的功能或演算法，可以創造出人類智能的所有方面？

到這裡為止，我陳述了一個理論，說明皮質柱如何習得實物——例如咖啡杯、椅子、智慧型手機——的模型。這個理論說，皮質柱為每一個觀察到的物體創建參考框架。如前所述，參考框架就像一個無形的三維網格，圍繞著一個物體並附在它上面。參考框架使皮質柱得以習得物體各個特徵的位置，這些特徵界定了物體的形狀。

較抽象而言，我們可以視參考框架為組織任何類型的知識的一種方式。咖啡杯的參考框架對應一

件我們看得見、摸得到的實物，但參考框架也可以用來組織關於我們無法直接感知的事物的知識。

想想那些你知道但不曾直接感知的事物，例如你如果學過遺傳學，會知道DNA分子是怎樣的。你可以想像它們的雙螺旋形狀，你知道它們如何利用核苷酸的ATCG鹼基為氨基酸序列編碼，你知道DNA分子如何解旋複製。當然，從來沒人曾直接看到或觸摸過DNA分子，我們做不到，因為它們太小了。為了組織我們關於DNA分子的知識，我們製作圖片，就像我們可以看到那樣，也製作模型，就像我們可以觸摸那樣。我們因此得以利用參考框架儲存關於DNA分子的知識，就像我們利用參考框架儲存關於咖啡杯的知識那樣。

我們利用這種方式處理我們知道的許多東西，例如我們對光子有很多認識，對銀河系也有很多認識。我們同樣把這些事物想成彷彿看得見、摸得到的東西，因此可以利用我們用在日常實物上的那種參考框架機制，組織我們所知道的關於這些事物的事實。人類的知識也延伸到無法視覺化的事物上，例如關於民主、人權、數學等概念的知識。我們知道關於這些概念的許多事實，但無法利用類似三維物體的東西組織這些事實——你無法輕易想出一個圖像來代表民主這個概念。

概念知識必須有某種形式的組織，民主和數學

之類的概念並非只是一堆事實，我們可以加以思考並作出推論，預測我們採取某種行動時將發生什麼事。我們做這種事的能力告訴我們，概念知識必須也是儲存在參考框架中，但這些參考框架可能不容易等同於我們用在咖啡杯和其他實物上的參考框架。例如，對某些概念最有用的參考框架可能有三個以上的維度，我們無法將超過三個維度的空間視覺化，但站在數學的角度，它們的原理與三維或較少維度的空間相同。

所有知識都儲存在參考框架中

我在本章探討的假說是：大腦利用參考框架組織所有知識，而思考是一種運動。我們觸動參考框架中連續多個位置，思考就發生了。這個假說可以分解為下列幾個部分。

1. 參考框架在新皮質中無處不在

這個前提說的是，新皮質中每個皮質柱都有創造參考框架的細胞。我已提出這個想法：負責這種功能的細胞與大腦中較古老部分的網格細胞和位置細胞相似，但並不完全相同。

2. 參考框架被用來模擬我們所知道的一切，而非只是實物

新皮質中的一個皮質柱只是一堆神經元，皮質

柱並不「知道」它接收的輸入代表什麼，事先也完全不知道它應將學習什麼。皮質柱只是一種由神經元構建的機制，盲目地嘗試發現和模擬任何導致它接收的輸入改變的結構。

之前我假定大腦先演化出參考框架來習得環境的結構，以便我們能夠在世界裡移動。然後我們的大腦繼續演化，學會了利用同樣的機制來習得實物的結構，以便我們能夠識別和加以操作。我現在提出這個想法：我們的大腦進一步演化，學會了利用同樣的機制來習得和表示概念對象（例如數學和民主）的結構。

3. 所有知識都儲存在相對於參考框架的位置上

參考框架不是智能可有可無的一個組成部分，而是大腦儲存所有資料仰賴的結構。你知道的每一個事實，都與參考框架中的某個位置相配對。例如要成為歷史這個領域的專家，歷史事實必須與適當的參考框架中的位置相配對。

以這種方式組織知識，使相關事實變得具有可操作性。想想上一章的那個紙地圖比喻：藉由將關於一座城鎮的事實放在一個類似網格的參考框架中，我們可以確定必須怎麼做才能達成某個目標，例如前往某家餐廳。地圖的統一網格使關於該鎮的事實變得具有可操作性，這個原理適用於所有知識。

4. 思考是一種運動

如果我們所知道的一切都儲存在參考框架中，那麼為了記起儲存的知識，我們必須觸動適當參考框架中的適當位置。神經元觸動參考框架中一個又一個的位置，使我們想起每個位置儲存的東西，思考就發生了。我們在思考時經歷的一系列想法，類似我們用手指觸摸一個物體時體驗的一系列感覺，或是我們在一座城鎮行走時看到的一系列事物。

參考框架也是達成目標的工具。一如紙地圖使你得以知道如何從當前位置前往你想去的某個新位置，新皮質中的參考框架使你得以想出如何一步步達成比較概念性的目標，例如解決某個工程問題或在工作中獲得晉升。

雖然我們曾在已發表的研究中提到這些關於概念知識的想法，但它們不是報告的重點，我們也不曾發表直接探討這個課題的論文。因此，你可能會覺得，相對於本書前面的部分，這一章的內容比較具揣測性，但我並不認為是這樣。雖然有很多細節是我們還不清楚的，但我確信這裡的整體架構——概念和思考是基於參考框架——將禁得起時間的考驗。

在本章餘下部分，我將先講述新皮質一個已有人充分研究的特徵，也就是它可分為「何物」（what）區域與「何處」（where）區域。我將藉此說明皮質柱如何藉由簡單地改變參考框架，執行顯

然不同的功能。然後我將討論比較抽象和概念性的智能形式。我會提出支持上述前提的實驗證據，舉例說明該理論與數學、政治和語言的關係。

何物路徑與何處路徑

你的大腦有兩個視覺系統。如果你追蹤從眼睛到新皮質的視神經，你會看到它連接兩個平行的視覺系統，一個叫「何物視覺路徑」（the what visual pathway），另一個叫「何處視覺路徑」（the where visual pathway）。何物路徑是一組皮質區域，始於大腦最後面，向兩側延伸。何處路徑是另一組皮質區域，同樣始於大腦後方，但向頂部延伸。

何物與何處視覺系統是逾五十年前發現的。若干年後，科學家認識到，其他感官也有類似的平行路徑，視覺、觸覺、聽覺都有各自的何物與何處區域。

何物與何處路徑的功能是互補的，例如一個人的何處視覺路徑如果失靈，他看著一個物體可以說出那是什麼，但無法伸手拿取。譬如他知道自己看到一個杯子，但奇怪的是，他說不出這個杯子在哪裡。如果失靈的是何物視覺路徑，那麼這個人可以伸手去抓住物體，他知道東西在哪裡，但無法認出它是什麼——至少無法靠視覺辨認，但當手觸摸該物體時，可以靠觸覺認出是什麼。

何物與何處區域的皮質柱看起來很相似，細胞

類型、細胞層和迴路都相似。那麼，為什麼它們的運作會有不同？何物區域的皮質柱與何處區域的皮質柱有什麼差異，導致它們發揮不同的作用？你可能會很想假定這兩種皮質柱的運作方式有差別。或許何處皮質柱有若干額外的神經元類型，又或者其細胞層之間的連結有獨特之處。你可能會承認何物皮質柱與何處皮質柱看起來很相似，但認為兩者很可能有物質上的差異，只是我們還沒有發現。如果你抱持這種觀點，就是否定蒙卡索的想法。

但我們其實不必拋棄蒙卡索提出的前提。針對皮質柱為什麼會有何物與何處之分，我們提出了一個簡單的解釋：何物皮質柱的網格細胞將參考框架附在物體上，何處皮質柱的網格細胞則將參考框架附在你的身體上。

如果負責視覺的何處皮質柱能夠說話，可能會說：「我創造了一個附在身體上的參考框架。利用這個參考框架，我看著一隻手，知道它相對於身體的位置。然後我看著一個物體，知道它相對於身體的位置。這兩個位置都在身體的參考框架之中，有了它們，我可以算出如何把手移到那個物體上。我知道物體在哪裡，也知道如何伸手觸摸，但我無法識別，我不知道那個物體是什麼。」

如果負責視覺的何物皮質柱能夠說話，可能會說：「我創造了一個附在物體上的參考框架。利用

這個參考框架，我可以認出該物體是一個咖啡杯。我知道這個物體是什麼，但我不知道它在哪裡。」何物皮質柱與何處皮質柱合作，使我們能夠識別物體，並且伸手觸摸和操作。

為什麼一種皮質柱（皮質柱A）將參考框架附在外部物體上，另一種皮質柱（皮質柱B）則將參考框架附在身體上？原因可能很簡單：這取決於皮質柱接收的輸入來自哪裡。如果皮質柱A從一個物體得到感官輸入，例如手指觸摸杯子的感覺，它將自動創造一個固定在物體上的參考框架。如果皮質柱B從身體得到輸入，例如神經元偵測到四肢關節的角度，它將自動創造一個固定在身體上的參考框架。

在某種意義上，你的身體只是世界上的另一個物體。新皮質用來為你的身體建立模型的基本方法，與用來為咖啡杯之類的物體建立模型的基本方法是一樣的。但是，與外部物體不同的是，你的身體總是存在。何處區域是新皮質的一個重要部分，專門負責為你的身體和身體周圍的空間建立模型。

大腦中有身體的地圖，這想法並不新鮮。四肢的運動需要以身體為中心的參考框架，這想法也不新鮮。我想說的是，外觀和運作方式相似的皮質柱，可以因為參考框架固定在不同的東西上，看似執行不同的功能。有了這個概念，參考框架可以用來處理概念知識就不會顯得不可思議。

概念的參考框架

到這裡為止，本書講述了大腦如何習得具有物質形狀的事物的模型。釘書機、手機、DNA分子、建築物、你的身體都是有物質形體的，這些都是我們可以直接感知或想像自己去感知的東西——DNA分子屬於後一種情況。

但是，我們所知的許多世間事物，是我們無法直接感知的，也可能沒有任何物質上的對應物。例如我們不能伸手去觸摸民主或質數之類的概念，但我們對這些東西有很多認識。皮質柱如何為我們無法直接感知的這些事物創建模型？

訣竅在於參考框架不一定要固定在具有物質形體的東西上。像民主這種概念的參考框架必須自相一致，但其存在可以相對獨立於日常實物。這與我們為虛構的地方創造地圖相似：這種地圖必須自相一致，但不必對應地球上真實存在的任何地方。

第二個訣竅是：概念參考框架的維度，其數量或類型不一定要與實物（如咖啡杯）的參考框架相同。城鎮中建築物的位置最好以兩個維度描述，咖啡杯的形狀最好用三個維度描述，但我們從參考框架中得到的所有能力，例如計算兩個位置之間的距離，以及想出如何從一個位置前往另一個位置，同樣存在於四維或更多維的參考框架中。

如果你難以理解一種東西如何能有三個以上的維度，想想這個比喻。假設我想創建一個參考框架，用來組織關於我認識的所有人的資料。我可以使用的一個維度是年齡：我可以按照所認識者的年齡排列他們。另一個可用的指標是相對於我而言，他們住在哪裡。這就需要增加兩個維度。其他可用的維度可以是我與他們見面的頻率，或是他們的身高。說到這裡，已經有五個維度。不過，這只是打個比方，這些不會是新皮質實際使用的維度。但我希望這個例子可以幫助你明白，為什麼超過三個維度可以是有用的。

新皮質中的皮質柱對於它們應該使用什麼樣的參考框架，很可能沒有事先確定的概念。皮質柱習得某事物的模型時，學習過程的一部分是發現良好的參考框架是怎樣的，包括應該使用多少個維度。

接下來，我要談談支持我在前文列出的四個前提的實證證據。這個領域沒有很多實驗證據，但也有一些，而且正在增加。

位置記憶法

位置記憶法（有時亦稱「記憶宮殿」）是一種記住一系列物品的著名技巧：你想像將你想記住的物品放在房子裡的不同位置；想記起這些物品時，你想像自己走過房子裡的各個位置，這將逐一喚起

你對這些物品的記憶。這個有效的記憶技巧告訴我們，把東西分配到一個熟悉的參考框架中的位置，會比較容易記得。在這個例子中，參考框架是你頭腦裡的自家房子地圖。注意，記起東西是靠運動，並不是你的身體真的動起來，而是你想像自己在房子裡走動。

位置記憶法支持前文談到的兩個前提：資料儲存在參考框架中，資料的檢索是一種運動。這個方法對快速記得一系列物品很有用，例如隨機的一組名詞。它之所以有效，是因為它把要記住的東西，分配到一個已習得的參考框架（你的房子），並利用一種已習得的運動（你在自己的房子裡走動。）不過，當你學習時，你的大腦通常是創造新的參考框架。我們接下來將看到一個例子。

利用 fMRI 研究人類大腦

功能性磁振造影（fMRI）是觀察運作中的大腦，了解哪些部分最活躍的一種技術。你很可能看過 fMRI 圖像，它們顯示大腦的輪廓，而大腦某些部分呈現黃色或紅色，代表成像那一刻大腦的這些部分消耗最多能量。fMRI 通常用來研究人類，因為受試者必須在嘈雜的大機器裡，完全靜止地躺在狹窄的管子裡，同時做一些必須動用心智能力的事。受試者通常是看著電腦螢幕，同時遵循研究人

員的口頭指示。

fMRI技術面世對某些類型的研究大有幫助，但對我們從事的研究通常不是很有用。我們的新皮質理論研究有賴隨時確切知道哪些神經元處於活躍狀態，而活躍的神經元一秒之內可能改變多次。有些實驗技術可以提供這種資料，但fMRI不具備我們通常需要的空間和時間精確度。fMRI測量許多神經元的整體活動，而且無法偵測持續時間短於約一秒的活動。

因此，當我們得知克里斯蒂安・多勒（Christian Doeller）、卡斯維爾・巴里（Caswell Barry）和尼爾・伯吉斯（Neil Burgess）所做的一項巧妙fMRI實驗證明新皮質裡有網格細胞時，我們感到驚訝和欣喜。相關細節很複雜，但簡而言之，研究人員發現網格細胞可能呈現一種可用fMRI偵測到的特徵。他們必須先驗證方法是否有效，因此先著眼於已知有網格細胞的內嗅皮質。他們安排人類受試者執行一項導航任務，在電腦螢幕上的虛擬世界裡走動，而他們利用fMRI，偵測到受試者執行該任務時出現網格細胞活動。接著他們著眼於新皮質，在受試者執行同一導航任務時，利用fMRI技術觀察新皮質的額葉區域，結果發現了相同的特徵，而這意味著網格細胞極有可能也存在於新皮質至少某些部分。

由亞歷珊卓・康斯坦丁內斯古（Alexandra

Constantinescu）、吉爾·歐萊利（Jill O'Reilly）和
蒂莫西·貝倫斯（Timothy Behrens）組成的另一
科學家團隊，利用這種新fMRI技術研究另一項任
務。他們向受試者展示鳥類的圖像，那些鳥的頸長
和腳長各有不同。受試者被要求作各種與這些鳥有
關的想像，例如想像一種新的鳥，結合之前見過的
兩種鳥的特徵。這些實驗不但證明網格細胞存在於
新皮質的的額葉區域，還發現證據顯示新皮質將鳥
類圖像儲存在一種類似地圖的參考框架中——該框
架有個維度代表頸長，另一個維度代表腳長。研究
團隊進一步證明，受試者思考鳥類時，心智上在鳥
類「地圖」裡「移動」，一如你想像自己在自家房
子的地圖裡移動那樣。這個實驗的細節同樣複雜，
但從fMRI資料看來，新皮質的這一部分利用類似
網格細胞的神經元來習得關於鳥類的知識。參與這
個實驗的受試者對這種情況沒有概念，但圖像資料
很明確。

　　位置記憶法利用已習得的地圖（自家房子的地
圖）儲存要記得的東西，以便日後記起。在鳥類那
個例子中，新皮質創造了一幅新地圖，適合用來記
住頸和腳各有不同的鳥。在這兩個例子中，把資料
儲存在參考框架中並藉由「運動」記起它們的過程
是一樣的。

　　如果所有知識都是以這種方式儲存，那麼我們

普遍稱為思考的這件事，實際上就是在一種空間、一種參考框架裡移動。你當前的所思所想，任何時候你頭腦裡的事物，取決於參考框架中的當前位置。隨著位置改變，你逐一記起儲存在每一個位置的東西。我們的所思所想不斷變化，但它們不是隨機的。我們接下來想到什麼，取決於我們在心智上往參考框架的哪個方向移動，一如我們在某座城鎮接下來看到什麼，取決於我們從當前位置往哪個方向移動。

　　習得一個咖啡杯所需要的參考框架或許是顯而易見的，就是咖啡杯周圍的三維空間。在那個關於鳥類的fMRI實驗中，用來習得鳥類知識的參考框架可能就沒那麼顯而易見。但鳥類的參考框架仍與鳥類的物質屬性有關，例如腳與頸。然而，對於像經濟學或生態學這種概念，大腦應該使用什麼樣的參考框架？可用的參考框架或許有多種，雖然可能有些框架好過其他框架。

　　這正是學習概念知識可能很困難的一個原因。如果我給你十個與民主有關的歷史事件，你應該如何組織？可能會有老師按時序排列這些事件。時間軸是一種一個維度的參考框架，對評估事件的時間順序，以及哪些事件可能因為時間上接近而產生因果關係很有幫助。也可能會有老師將這些歷史事件按地域排列在世界地圖上。地圖參考框架提出對同

一些事件的不同思考方式，例如哪些事件可能因為空間上接近而產生因果關係，或是因為當地接近海洋、沙漠或山脈而產生。時間軸和地圖都是可用來組織歷史事件的工具，但它們會產生對歷史的不同思考方式，可能導致我們作出不同的結論和不同的預測。學習民主知識的最佳方式可能需要一種全新的參考框架，具有多個抽象的維度，對應公平或權利之類的概念。我並不是說「公平」或「權利」是大腦實際使用的維度；我想說的是，成為某個領域的專家，需要發現一個好框架來組織相關資料和事實。可能沒有一個所謂的「正確」參考框架，不同的人可能會以不同的方式組織相關事實。找到一個有用的參考框架，是學習中最困難的部分，雖然我們通常沒有清醒地意識到這一點。我將以前文提到的三個例子：數學、政治、語言，來說明這一點。

數學

假設你是一名數學家，想證明OMG猜想（數學上並非真有這個猜想）──猜想是一種被視為正確但尚未被證明正確的數學陳述。為了證明一個猜想，你從已知正確的東西開始，然後應用一系列的數學運算。如果藉由這種過程，你得出與猜想相同的陳述，你就是成功地證明了這個猜想。這種過程通常涉及一系列的中間結果，例如從A開始，證明

了 B；然後從 B 開始，證明了 C；最後從 C 開始，證明了 OMG。假設 A、B、C 和最後的 OMG 是方程式，為了從方程式得出方程式，你必須做一次或多次數學運算。

現在我們假設你的新皮質利用一個參考框架代表各種方程式。數學運算，例如乘或除，是將你帶到這個參考框架中不同位置的運動。進行一系列的運算會帶你到一個新的位置，得出新的方程式。如果你能確定一組運算（方程式空間裡的運動）可以把你從 A 帶到 OMG，你就成功證明了 OMG。

解決複雜的問題，例如證明數學猜想，需要受過大量訓練。當你學習一個新領域的知識時，你的大腦並非只是在儲存事實。就數學而言，大腦必須發現有用的參考框架來儲存方程式和數字，而且必須掌握數學行為（例如運算和變換）如何在參考框架內移動至新的位置。

對數學家來說，方程式是熟悉的東西，他們看到方程式就像我們一般人看到智慧型手機或自行車。數學家看到一個新方程式時，會認出它與他們以前處理過的方程式的相似之處，而這立即提示他們如何處理新方程式以達到某些結果。這種過程一如我們看到一部新的智慧型手機，認出它與我們使用過的手機的相似之處，而這提示我們如何操作新手機以達到想要的結果。

　　但是，如果你沒有受過數學訓練，方程式和其他數學符號看起來就會像是毫無意義的鬼畫符。又或者你會認出一個你以前見過的方程式，但如果沒有合適的參考框架，你就不知道如何處理它以解決問題。你可能迷失在數學空間裡，就像你可能在沒有地圖的情況下迷失在森林裡那樣。

　　數學家處理方程式、探險家穿越森林、手指觸摸咖啡杯，全都需要類似地圖的參考框架，以便知道自己身處哪裡和需要怎樣的運動，才可以去到想去的地方。我們所作的這些和無數其他活動，都仰賴相同的基本演算法。

政治

　　前文的數學例子是完全抽象的，但處理任何並非顯然具體的問題都涉及同樣的過程。舉個例子：一名從政者希望制定一項新法律。他安排人手寫出法律條文的初稿，但要達成確立新法律的最終目標，還必須完成多個步驟。這過程中必須克服一些政治障礙，這名從政者因此會思考自己可以採取的所有不同行動。老練的從政者知道，如果他召開記者會，或迫出一項公投，或撰寫一份政策文件，或藉由支持另一法案換得一些同儕的支持，很可能會出現什麼結果。老練的從政者已經習得政治運作的有效參考框架，這個參考框架的一部分是政治行動

如何改變參考框架中的位置，而從政者會想像自己做這些事將導致什麼結果。從政者的目標是找到可行的一系列行動，以達到制定新法律這個他渴望的結果。

從政者和數學家沒有意識到他們使用參考框架來組織他們的知識，一如我們一般人沒有意識到自己使用參考框架來認識智慧型手機和釘書機。我們不會到處問：「誰可以建議一個參考框架來組織這些事實？」我們會說的是：「我需要幫助。我不知道如何解決這個問題。」也可能說：「我不會用，你可以示範一下嗎？」又或者：「我迷路了。你能告訴我怎麼去餐廳嗎？」當我們無法為眼前的事實找到一個有效的參考框架時，就會問這些問題。

語言

語言可說是人類有別於所有其他動物的最重要認知能力，如果沒有藉由語言分享知識和經驗的能力，現代社會的大部分事物就不可能存在。

雖然關於語言已有大量著作面世，但我並未發現有人嘗試解釋我們在大腦中觀察到的神經迴路如何創造出語言。語言學家通常不涉足神經科學，雖然有一些神經科學家研究與語言有關的大腦區域，他們一直無法提出關於大腦如何創造和理解語言的具體理論。

　　關於語言是否根本不同於其他認知能力，人們一直有爭論。語言學家傾向認為是這樣，他們把語言說成是一種獨特的能力，不同於我們所有的其他能力。果真如此，大腦中創造和理解語言的部分，看起來應該不同於大腦其他部分。神經科學在這個問題上沒有明確的答案。

　　新皮質有兩個並不大、據說是負責語言能力的區域：威尼克區（Wernicke's area）被視為負責語言的理解，布洛卡區（Broca's area）則被視為負責語言的產生，但這是有點簡化的說法。首先，這些區域的確切位置和範圍仍有爭論。第二，威尼克區和布洛卡區的功能並非明確地分為語言的理解和產生，而是有一些重疊。最後，語言能力不可能孤立於新皮質的兩個小區域裡，這一點應該是顯而易見的。我們使用口語、書面語，以及手語。威尼克區和布洛卡區並不直接從感測器獲得輸入，理解語言因此必須仰賴聽覺和視覺區域，而產生語言必須仰賴不同的運動能力。創造和理解語言需要借助新皮質的一些大面積區域，威尼克區和布洛卡區發揮了關鍵作用，但認為它們孤立地創造語言則是錯誤的。

　　關於語言有個令人驚訝的事實：布洛卡區和威尼克區僅存在於大腦的左邊。由此看來，語言可能不同於其他認知能力。布洛卡區和威尼克區在大腦右邊的對應區域，僅與語言能力略有關係。新皮質

所做的幾乎所有其他事，都是大腦兩邊皆參與。語言能力的這種獨特不對稱性，暗示布洛卡區和威尼克區有特別之處。

負責語言能力的區域僅出現在大腦的左邊，此中原因或許很簡單。有一種說法是語言能力要求很快的處理速度，而新皮質多數區域的神經元運作速度太慢，未能滿足要求。威尼克區和布洛卡區的神經元具有稱為「髓鞘質」的額外絕緣層，因此可以運作得更快，能夠滿足處理語言的速度要求。這兩個區域與新皮質其他部分也有顯著的其他差異，例如相對於大腦右邊的對應區域，語言區域的突觸據稱比較多，也比較密。但有更多突觸並不意味著語言區域執行不同的功能，可能只是代表這些區域學了更多東西。

雖然有一些差異，威尼克區和布洛卡區的解剖結構，也是與新皮質其他區域相似。從我們現在掌握的事實看來，雖然語言區域有些不同（差異或許是微妙的），但整體而言，其層次、連結和細胞類型的結構與新皮質其他區域相似。因此，支撐語言能力的大部分機制，很可能與認知和感知的其他部分共用。除非有證據證明並非如此，我們在工作中應該採用這個假設。因此，我們可以問：皮質柱建立模型的能力，包括創造參考框架，如何能為語言提供一種基質（substrate）？

　　根據語言學家的說法，語言的定義性屬性之一是其巢狀結構（nested structure）。例如，英文句子由片語組成，片語由單字組成，單字則由英文字母組成。遞迴，即重複應用一個規則，是語言的另一個定義性屬性。拜遞迴所賜，我們可以建構近乎無限複雜的句子。例如，「Tom asked for more tea」（湯姆要更多茶）這個簡單的句子，可以擴展為「Tom, who works at the auto shop, asked for more tea」（在修車店工作的湯姆要更多茶），還可以進一步擴展為「Tom, who works at the auto shop, the one by the thrift store, asked for more tea」（在二手店旁邊的修車店工作的湯姆要更多茶。）在語言學上，遞迴的確切定義是有爭議的，但其大致概念不難理解。句子可以由片語組成，片語又可以由其他片語組成，諸如此類。長期以來，巢狀結構和遞迴，一直被視為語言的關鍵屬性。

　　但是，巢狀和遞迴結構並非語言所獨有；事實上，世上所有事物都是以這種方式構成的。以我的咖啡杯為例，它的側面印有Numenta的標誌，而它有個巢狀結構：它是由一個圓柱體、一個把手和一個標誌構成的。標誌由一個圖形和一個單字構成。圖形由圓圈和線條構成，而Numenta這個單字由音節構成，音節本身則是由英文字母構成。物件也可以有遞迴結構，例如你可以想像這種情況：

Numenta的標誌含有一個咖啡杯的圖片，咖啡杯上印有Numenta的標誌，而那個標誌又含有一個咖啡杯的圖片，以此類推。

我們展開研究之後，很早就意識到每一個皮質柱，都必須能夠習得巢狀和遞迴結構。這是習得咖啡杯等實物的結構，以及習得數學和語言之類的概念事物的結構必須滿足的一個條件。無論我們提出什麼理論，都必須能夠解釋皮質柱如何做到這件事。

想像一下，過去某個時候，你習得咖啡杯的模樣，也習得Numenta標誌的樣子，但你從不曾見過這個標誌出現在咖啡杯上。現在我向你展示一個新咖啡杯，它的側面印有Numenta的標誌。你可以迅速習得這個組合式新物件，通常只需要看一兩眼。注意，你不需要重新認識那個標誌或咖啡杯，我們所知道的關於咖啡杯和Numenta標誌的一切，立即被納入新物件中，成為它的一部分。

這是如何發生的？在一個皮質柱中，之前習得的咖啡杯是由一個參考框架界定的，之前習得的標誌也是由一個參考框架界定的。為了習得印有標誌的咖啡杯，皮質柱創建了一個新的參考框架，裡面存了兩個連結，一個連接之前習得的咖啡杯參考框架，另一個連接之前習得的Numenta標誌參考框架。大腦可以迅速做到這件事，只需要增加幾個突觸，這有點像在文字檔案中使用超連結。想像一

下，我寫了一篇關於林肯的短文，提到他曾發表著名的蓋茲堡演說。我把「蓋茲堡演說」這幾個字，變成連接演說全文的超連結，就可以將整篇演說納入我的文章，不必重新打出演說內容。

前文說過皮質柱在參考框架的各個位置儲存事物的特徵，「特徵」一詞有點含糊，現在我要說得精確一些。皮質柱為它們所知道的每一件東西創建參考框架，參考框架填入了連接其他參考框架的連結。大腦利用參考框架為世界建立模型，而這些參考框架填入了其他參考框架，一路下來都是參考框架。在我們2019年「框架」論文中，我們提出了我們對神經元如何做到這一點的想法。

要完全明白新皮質所做的一切，我們還有很長的路要走。但據我們所知，每一個皮質柱都利用參考框架建立事物的模型，這個想法與語言能力的要求是一致的。或許未來我們將發現，語言能力有賴一些特別的語言迴路。但截至現在，我們還未發現是這樣。

成為專家

到這裡我已經介紹了參考框架的四種用途，一種在舊腦，三種在新皮質。舊腦利用參考框架習得環境的地圖。新皮質的何物皮質柱利用參考框架習得實物的地圖；新皮質的何處皮質柱利用參考框架

習得我們身體周圍空間的地圖；最後，新皮質的非
感官皮質柱利用參考框架習得概念的地圖。

　　要成為任何領域的專家，都需要一個很好的參
考框架，需要一幅好地圖。兩個人觀察同一件實
物，最終很可能得出類似的地圖。例如我們很難想
像兩個人觀察同一張椅子，然後他們的大腦以不同
方式組織椅子的特徵。但如果著眼於概念，兩個人
從相同的事實出發，最終可能會有不同的參考框
架。回想一下一連串歷史事件的那個例子，可能有
人利用時間軸組織這些事實，也可能有人將這些歷
史事件按地域排列在世界地圖上。同樣的事實，可
能導致不同的模型和不同的世界觀。

　　成為一名專家，主要有賴找到一個很好的參考
框架來組織相關事實和觀察。愛因斯坦起初掌握的
事實與同時代的人相同，但是他找到了一個更好的
參考框架，因此能夠更好地組織這些事實，得以看
到別人看不到的類比，作出令人驚訝的預測。愛因
斯坦在狹義相對論方面的發現，最迷人之處是他使
用的參考框架是日常事物，他想到了火車、人，以
及手電筒。他從科學家的實證觀察（例如絕對光
速）開始，利用日常參考框架推導出狹義相對論的
方程式。正因如此，幾乎人人都可以領會他的邏
輯，明白他是如何發現狹義相對論的。相對之下，
愛因斯坦的廣義相對論利用的參考框架，是基於場

方程這種數學概念，而這種概念不容易與日常事物聯繫起來。愛因斯坦覺得這費解得多，而幾乎所有人也有同感。

1978年，弗農·蒙卡索提出所有的感知和認知，都有賴一種共同的演算法，當時很難想像哪一種演算法能夠如此強大和通用，很難想像單一種過程就能解釋我們視為智能的所有東西，從基本的感官感知到最受仰慕的高級智能皆不例外。現在我清楚知道，通用的皮質演算法是以參考框架為基礎。參考框架提供了一種基質，使我們得以認識世界的結構、事物的位置，以及它們如何移動和變化。參考框架適用的對象，不僅是我們可以直接感知的實物，還有我們無法看見或感覺的東西，甚至是沒有物質形體的概念。

你的大腦裡約有15萬個皮質柱，每一個皮質柱都是一台學習機器。每一個皮質柱都藉由觀察它接收的輸入如何隨時間變化，習得一個模型來預測這些輸入。皮質柱不知道它們在學習什麼，不知道它們的模型代表什麼。整個大腦的功能和由此產生的模型，都是建立在參考框架上。理解大腦如何運作的正確參考框架就是參考框架。

7

千腦智能理論

從一開始，Numenta 的目標就是開發一個全面
的理論來解釋新皮質的運作。神經科學界每
年發表數以千計的論文，涵蓋大腦的所有細節，但
欠缺將這些細節聯繫起來的系統性理論。我們決定
先致力認識單一皮質柱。我們知道皮質柱物理上很
複雜，因此必然有複雜的功能。如果我們不知道單
一皮質柱的作用，就去問為什麼皮質柱以第 2 章所
講的那種混亂和某程度上分層級的方式相互連結，
那是沒有意義的。那就像對人毫無認識就去問社會
如何運作。

現在我們對皮質柱的作用有很多認識。我們知
道，每一個皮質柱都是一個感覺運動系統。我們知
道，每一個皮質柱可以習得數百樣事物的模型，而
這些模型是以參考框架為基礎。我們認識了皮質柱

的這些功能之後，就知道整體而言，新皮質的運作方式顯然與神經科學界之前所想的不同。我們將我們的新想法稱為「千腦智能理論」（The Thousand Brains Theory of Intelligence）。在解釋這個理論之前，了解一下它取代的舊理論是有益的。

對新皮質的既有看法

目前對新皮質最常見的看法，是認為它就像一種流程圖。來自感官的資料從新皮質的一個區域傳送到下一個區域，在過程中一步步獲得處理。科學界稱之為特徵偵測器的層級結構，最常以視覺為例描述其運作，過程是這樣的：視網膜上的每一個細胞，都偵測到圖像一小部分的光線，然後這些細胞投射到新皮質。新皮質中接收這種輸入的第一個區域被稱為V1。V1的每一個神經元只從視網膜的一小部分獲得輸入，就像它們透過一根吸管看世界那樣。

從這些事實看來，V1的皮質柱不能識別完整的物體。因此，V1的作用僅限於偵測簡單的視覺特徵，例如圖像一小部分的線條或邊緣。然後V1的神經元將這些特徵傳送到新皮質其他區域，被稱為V2的下一個視覺區域接收來自V1的簡單特徵，把它們組合成比較複雜的特徵，例如角或弧。這種過程在另外幾個區域重複幾次，直到神經元對完整的物體作出反應。據推測，類似的過程——從簡單

特徵到複雜特徵，再到完整的感知對象 —— 也發生在觸覺和聽覺上。這種視新皮質為一種特徵偵測器層級結構的觀點，是五十年來的主流理論。

這種理論最大的問題，在於它把視覺當作一種靜態的過程，就像拍照一樣。但視覺不是這樣的，我們的眼睛每秒約有三次跳視，每次跳視都導致從眼睛傳到大腦的資料完全改變。我們向前走或左右轉動頭部時，視覺輸入也會改變。特徵層級論忽略了這些變化，根據這種理論，視覺像是每次為了拍一張照片，然後貼上標籤。但即使只是隨意觀察也能看到，視覺是一種仰賴運動的互動過程。例如為了知道一個新物體的樣子，我們把它拿在手裡，左右上下旋轉，藉此了解從不同角度觀看會是什麼樣子。只有藉由運動，我們才能習得事物的模型。

許多人忽視了視覺的動態面，原因之一是我們有時不移動眼睛就能認出一個圖像，例如認出顯示器上短暫閃現的圖片，但這只是例外情況。視覺通常是一種主動的感覺運動過程，而不是一種靜態的過程。

運動的基本作用在觸覺和聽覺方面更為明顯。如果有人把一樣東西放在你張開的手掌上，除非你移動手指，你將無法識別它。聽覺也總是動態的。聽覺的感知對象，例如說出口的詞語，是由隨時間變化的聲音界定的，而且我們在聽的時候，會移動

我們的頭部，主動調整我們所聽的內容。特徵層級論是否適用於觸覺或聽覺是大有疑問的。就視覺而言，你至少可以想像大腦處理類似圖片的圖像，但觸覺和聽覺沒有任何等同的東西。

還有許多其他觀察告訴我們，特徵層級論需要修改。下列是其中幾個，全都與視覺有關：

- 第一和第二視覺區域（V1和V2）是人類新皮質中最大的其中兩個區域。它們的面積比其他視覺區域大得多，而後者據稱負責識別完整的物體。為什麼偵測數量有限的簡單特徵，需要用到的大腦區域會比識別數量很多的完整物體來得大？在一些哺乳動物中，這種不平衡更加嚴重，老鼠就是一個例子。老鼠的V1占老鼠整個新皮質很大一部分。老鼠的其他視覺區域小得多，情況就像老鼠的視覺幾乎全都發生在V1。

- 研究人員將圖像投射到被麻醉的動物眼前，同時記錄V1神經元的活動時，發現了V1中偵測特徵的神經元。他們發現圖像一小部分的簡單特徵，例如邊緣，會使這些神經元活躍起來。由於這些神經元只對小範圍內的簡單特徵有反應，研究人員假定完整的物體必然是在其他地方被辨認出來。特徵層級模型由此產生。但在這些實驗中，V1的多數神經元沒有對任何明

顯的東西作出反應──它們可能偶爾發出一個棘波，也可能持續產生棘波一段時間，然後停止。多數神經元的表現無法以特徵層級論解釋，因此基本上遭到忽視。但是，V1中大量的這些神經元必然是在做偵測特徵以外的重要事情。

- 眼睛從一個注視點跳到另一個注視點時，V1和V2的一些神經元會有值得注意的表現：在眼睛停止移動之前，它們就似乎知道將會看到什麼。這些神經元活躍起來，彷彿已經接收到新的輸入，但新輸入實際上還沒到來。發現這個現象的科學家對此感到驚訝。這意味著V1和V2的神經元能夠獲得關於正在看的整個物體的知識，而非只是物體的一小部分。

- 視網膜中心的感光細胞比周邊區域多。如果我們把眼睛想成是一台相機，那麼這台相機就是配了作用非常顯著的魚眼鏡頭。視網膜也有一些部分沒有感光細胞，例如視神經離開眼睛的盲點，以及血管穿過視網膜的地方。因此，新皮質接收的視覺輸入並不是像一張照片，而是一種嚴重扭曲和不完整的圖像拼圖。但是，我們沒有意識到這些扭曲和遺漏的部分；我們對世界的視覺感知是均勻和完整的。特徵層級論無法

解釋這是如何發生的，這個問題被稱為「結合問題」（the binding problem）或「感測器融合問題」（the sensor-fusion problem）。廣義而言，結合問題問的是：不同類型的感官輸入散落在新皮質各處，而且有各種扭曲，大腦如何將它們結合成我們所經歷的不扭曲的單一知覺？

- 正如我在第1章指出，雖然新皮質各區域之間有些連結看起來像是層級式的，就像那種一步接一步的流程圖，但多數連結並非如此。例如低層視覺區域與低層觸覺區域之間就有連結，而這種連結在特徵層級論中是不合理的。

- 雖然特徵層級論或許可以解釋新皮質如何識別圖像，卻未能說明我們如何習得物體的三維結構、物體如何由其他物體構成，以及物體隨時間的變化和表現。它未能解釋我們可以如何想像物體旋轉或扭曲時的樣子。

考慮到所有這些矛盾和缺陷，你可能會想：為什麼特徵層級論仍然流行？有幾個原因。首先，它與大量的資料相符，尤其是很久以前蒐集的資料。第二，該理論的問題是隨著時間推移慢慢累積的，每一個新問題因此容易被視為可以忽略的小問題。第三，它是我們擁有的最好理論，在沒有東西可以取代它的情況下，我們就繼續使用。最後，正如我

很快將指出，它並不是完全錯誤的，只是需要重大的升級。

對新皮質的新看法

我們的皮質柱參考框架論，提出了一種關於新皮質如何運作的不同思考方式。它認為所有的皮質柱，哪怕是在低層次的感官區域，都能夠習得和識別完整的物體。一個僅感覺物體一小部分的皮質柱，可以藉由整合它在一段時間裡分多次獲得的輸入，習得整個物體的模型，一如我們藉由到訪一個又一個地方，認識一座新城鎮。因此，習得物體的模型，不一定需要皮質區域的層級結構。我們的理論解釋了視覺系統幾乎只有一個層級的老鼠可以如何看見和識別世界上的物體。

任何一個物體在新皮質中都有許多個模型，這些模型存在於不同的皮質柱中，並非完全相同，而是互補的。例如從指尖獲得觸覺輸入的一個皮質柱可以習得一個手機的模型，包括手機的形狀、手機機殼的質地，以及按鈕被按下時如何移動。從視網膜獲得視覺輸入的一個皮質柱也可以習得手機的模型，內容也包括手機的形狀，但與指尖皮質柱不同的是，這個模型可以包括手機不同部分的顏色，以及螢幕上的圖標在你使用時如何變化。視覺皮質柱無法習得電源開關的觸感，觸覺皮質柱則無法習得

螢幕上的圖標使用時的變化。

　　任何一個皮質柱都無法習得世上所有事物的模型，那是不可能的。首先是單一皮質柱可以習得多少事物是有物理限制的。我們還不知道這個限制具體為何，但從我們的模擬看來，單一皮質柱可以習得數百個複雜的東西，這比你認識的東西少得多。此外，皮質柱可以習得的內容受限於它接收的輸入，例如觸覺皮質柱無法習得雲的模型，視覺皮質柱則無法習得旋律。

　　即使在單一感官類型（例如視覺）中，皮質柱也會獲得不同類型的輸入，並習得不同類型的模型。例如有一些視覺皮質柱得到的輸入是有顏色的，另一些視覺皮質柱得到的輸入則是黑白的。又例如V1和V2區域的皮質柱都從視網膜獲得輸入，V1的皮質柱從視網膜一個非常小的區域獲得輸入，就像它透過一根很細的吸管看世界那樣，而V2的皮質柱從視網膜一個比較大的區域獲得輸入，就像它透過一根比較粗的吸管看世界那樣，但看到的圖像比較模糊。現在想像一下，你在看字體極小的文字，字體再小一點，你就認不出那些文字了。根據我們的理論，只有V1皮質柱能識別這些字體極小的字母和文字，V2皮質柱看到的圖像太模糊了。如果字體顯著放大，V2和V1就都可以識別文字。如果字體再放大，V1要識別文字會變得

比較困難，但V2就不會有什麼問題。因此，雖然V1和V2的皮質柱都可以習得事物的模型，例如認得字母和單字，但它們的模型尺寸有別。

知識儲存在大腦的什麼地方？

大腦裡的知識是分散儲存的。我們知道的事物，沒有一樣是僅儲存在一個地方，例如一個細胞或一個皮質柱裡。也沒有任何事物是到處儲存的，像一個全像圖那樣。一樣東西的知識，分散儲存在數以千計的皮質柱裡，但它們只是所有皮質柱的一小部分。

再想想我們的咖啡杯。關於咖啡杯的知識，儲存在大腦的什麼地方？視覺區域有許多皮質柱接收來自視網膜的輸入。每一個看到咖啡杯一部分的皮質柱，都習得一個咖啡杯的模型，並且試圖識別。同樣地，如果你把杯子拿在手裡，新皮質的觸覺區域會有數十至數百個模型活躍起來，你的大腦裡並非只有單一個咖啡杯模型。你所知道的關於咖啡杯的一切，儲存在數以千計的模型中，儲存在數以千計的皮質柱中，但它們只是新皮質所有皮質柱的一小部分。這就是為什麼我們的見解稱為「千腦理論」：關於任何特定事物的知識，都是分散在數以千計的互補模型中。

我們來作一個比喻：假設某城市有十萬名居

民，城裡有套系統為每個家庭供應乾淨的水，相關設施包括管道、泵、水箱和過濾裝置。這套供水系統需要維護以維持正常運作。維護供水系統的知識應該儲存在哪裡？這些知識只有一個人掌握是很不智的，要求每個市民都掌握則是不切實際。解決方案是將這些知識分散在許多人身上，但人數也不能太多。在這個例子中，假設供水部門有50名員工，供水系統有100個部分（也就是有100個泵、閥門、水箱之類），而供水部門的50名員工每個人都知道如何維護供水系統的20個部分，每人熟悉的20個部分各有不同但互有重疊。

那麼，供水系統的知識儲存在哪裡？系統的100個部分，每一部分約有10個不同的人知道如何維護。如果某天有一半員工請病假，系統任何一部分很可能仍會有約5個人知道如何維護。每一名員工都可以在沒有人監督指導的情況下，修理和維護系統的20％。關於如何維護供水系統的知識，分散在當地居民的一小部分人身上，而即使供水部門的員工大量流失，這些知識也應該不會失傳。

注意，供水部門可能設有一些控管層級，但完全阻止員工自主發揮，或僅由一兩個人掌握任何知識，則是不明智的。知識和行動分散在許多（但不至於太多）成員身上，是複雜系統運作得最好的狀態。

大腦中的一切，都以這種方式運作。例如，

一個神經元從不依賴單一個突觸，而是可能利用
30個突觸來識別一種形態。即使其中10個突觸失
靈，這個神經元仍將能夠識別該形態。一個神經元
網絡從不依賴單一個細胞。在我們創造的模擬網絡
中，即使失去30％的神經元，通常也只會對網絡的
性能產生微弱的影響。同樣地，新皮質並不依賴單
一個皮質柱。即使中風或創傷導致數以千計的皮質
柱失靈，大腦還是能夠繼續運作。

　　因此，大腦對任何事物的認識，並不依賴單一
個模型——這不應該是令我們驚訝的事。我們對某
一事物的認識，分散在數以千計的皮質柱中。這些
皮質柱並不多餘，它們並非彼此的精確複製本。最
重要的是，每一個皮質柱都是一個完整的感覺運動
系統，就像前述供水部門每一名員工都能獨立修復
供水設施的某些部分那樣。

結合問題的解決方案

　　如果我們認識一樣事物仰賴數以千計的模型，
為什麼我們對該事物卻有單一的感知？我們拿著一
個咖啡杯觀察時，為什麼會覺得這個杯子是一樣東
西，而不是數以千計的不同東西？如果我們把杯子
放到桌子上而它發出聲音，這個聲音如何與咖啡杯
的影像和感覺結合起來？換句話說，我們接收的各
種感官輸入如何結合成單一知覺？長期以來，科學

家一直假定進入新皮質的各種輸入必須彙集到大腦裡某一個地方，而大腦在那裡認出它的感知對象，例如一個咖啡杯。這個假設是特徵層級論的一部分，但新皮質中的連結看起來並非如此。這些連結並不是彙集到一個地方，而是往所有方向延伸。這是結合問題被視為一個謎的原因之一，但我們已經提出了一個答案：皮質柱會進行表決，你的感知是皮質柱經由表決達成的共識。

我們且回到前文那個紙地圖比喻：你有一組不同城鎮的地圖，它們被剪成許多個小方格，然後混在一起。你被丟在不知什麼地方，看到一間咖啡店。如果多個地圖方格裡有外觀相似的咖啡店，你就無法立刻知道自己身處何方。如果四座不同的城鎮裡有這種咖啡店，那麼你知道自己是在其中一座城鎮裡，但你不知道是在哪一座。

現在假設還有四個人和你一樣，他們也有同一組城鎮的地圖，和你一樣被丟在同一座城鎮裡，但被丟在不同的隨機位置。和你一樣，他們也不知道自己身處哪一座城鎮和什麼位置。他們摘下眼罩，觀察周遭環境。有個人看到一座圖書館，然後從他的地圖方格中發現六座不同城鎮有圖書館。另一個人看到了一個玫瑰園，然後發現三座不同城鎮有玫瑰園。另外兩個人也做了類似的事。沒有人知道自己身處哪一座城鎮，但人人都有一份潛在的城鎮名

單。現在五個人都來表決：你們每個人的手機上都有一個應用程式，列出了你們可能身處的城鎮和位置，每個人都能看到所有其他人的這份資料清單。只有城鎮9出現在每一個人的清單上，每個人因此都知道自己身處城鎮9。藉由比較你們的潛在城鎮名單，找出出現在每一份名單上的城鎮，你們就全都立刻知道自己在哪裡。我們將這種過程稱為表決。

在這個例子中，這五個人就像五個指尖觸摸某個物體的不同位置。如果只靠自己，這些指尖各個無法確定自己在觸摸什麼東西，但全部結合起來就能知道。如果你只用一根手指觸摸東西，你將必須移動手指才可以認出這個東西。但如果你用整隻手去抓住東西，通常可以立刻認出這個東西。幾乎在所有情況下，使用五根手指都可以比使用一根手指少動一些。同樣道理，如果你透過一根吸管看一樣東西，將必須移動吸管才可以識別。但如果你張大眼睛直接看，通常不必移動就能夠認出來。

延續我們的地圖比喻，想像一下，那五個被丟在某城鎮的人當中，有一個只能聽到聲音。這個人的地圖方格上，標有每一個地點應該可以聽到的聲音。如果他聽到噴泉的聲音、樹上的鳥兒在叫或小酒館傳出的音樂聲，他會找出與這些聲音相符的地圖方格。再假設有兩個人只能觸摸東西，他們的地圖上標有他們在不同的地點估計可以感受到的觸

覺。最後，另外兩個人只能看見東西，他們的地圖
方格上標有他們在每一個位置預計可以看到的東
西。現在我們有五個人可以接收視覺、觸覺、聽覺
這三種不同的感官輸入，五個人都可以感覺到一些
東西，但只靠自己無法確定自己的位置，所以他們
進行表決。表決機制的運作原理一如前幾段所述，
他們只需要就自己身處哪一座城鎮達成共識，其他
細節全都不重要。表決是可以跨感官類型運作的。

　　注意，你對其他人的情況可以近乎完全無知。
你不需要知道他們有哪些感官能力，或他們掌握了
多少幅地圖。你不需要知道他們的地圖分割出來的
方格比你的多還是少，或這些方格代表的區域是比
較大還是比較小。你不需要知道他們如何移動。或
許有些人可以跳過一些方格，有些人只能沿對角線
移動，但這些細節全都不重要。唯一的要求是：每
個人都能分享他們的潛在城鎮名單。皮質柱之間的
表決解決了結合問題，使大腦得以整合許多類型的
感官輸入，得出對感知對象的單一知覺。

　　表決還有一點值得注意。我們相信，當你用手
抓住一樣東西時，代表你手指的觸覺皮質柱會共享
另一項資料──它們彼此之間的相對位置，這可以
使你比較容易識別手指所觸摸的東西。想像一下，
我們那五名探索者被丟在不知哪座城鎮裡。他們有
可能──事實上是很有可能──看到許多城鎮都

有的五樣東西，例如兩間咖啡店、一座圖書館、一
個公園，以及一座噴泉。表決將排除那些並不具備
所有這些東西的潛在城鎮，但這些探索者仍無法確
定自己身處何方，因為還有幾座城鎮具備這五樣東
西。但是，如果五名探索者知道他們之間的相對位
置，就能掌握這五樣東西的分布情況，因此可以排
除與此不符的城鎮。我們估計，一些皮質柱之間會
共享這種相對位置資料。

大腦中的表決是如何完成的？

如前所述，一個皮質柱中的多數連結是向上和
向下連接各層細胞，基本上是在同一個皮質柱的範
圍之內。此一常規有若干著名的例外，例如某些細
胞層的神經元在新皮質之內伸出很長的軸突，可能
從大腦的一邊伸到另一邊，例如將代表左手和右手
的區域連接起來，又或者連接主要視覺區域V1與
主要聽覺區域A1。我們提出這個想法：這些具有
長距離連結的細胞，是參與表決的神經元。

在一個皮質柱中，多數細胞並不代表眾多皮質
柱可以拿來表決的那種資料。因此，只有特定的細
胞可以有意義地參與表決。舉個例子：某個皮質柱
接收的感官輸入與其他皮質柱接收的感官輸入不
同，接收這些輸入的細胞因此不會投射到其他皮質
柱，但代表被感知對象的細胞可以參與表決，它們

會廣泛地投射。

有關皮質柱如何表決，基本概念並不複雜。一個皮質柱利用它的長距離連結，將它認為它正在觀察的東西廣播出去。單一皮質柱通常不確定自己感知到什麼；在這種情況下，它的神經元會同時發送多種可能性。與此同時，這個皮質柱接收來自其他皮質柱的投射，這些投射代表那些皮質柱的猜測。最常見的猜測抑制最不常見的猜測，直到整個皮質柱網絡確定了一個答案。令人驚訝的是，一個皮質柱不需要將它參與表決「所投的票」發送給所有其他皮質柱。即使長距離軸突僅連接其他皮質柱一個隨機選擇的小子集，表決機制也可以有效運作。表決也需要一個學習階段。在我們發表的論文中，我們描述了一些軟體模擬，展示學習如何發生，以及表決如何迅速、可靠地發生。

感知的穩定性

皮質柱表決解開了大腦的另一個謎團：為什麼大腦接收的輸入不斷改變時，我們對世界的感知似乎相當穩定？我們的眼睛每秒約有三次跳視，每一次都導致新皮質接收的輸入有所改變，活躍的神經元因此也必然有所改變。但是，我們的視覺感知是穩定的，這個世界並沒有隨著眼睛跳視而跳來跳去。多數時候，我們完全沒有意識到我們的眼睛在

移動。觸覺感知也有類似的穩定性。想像一下，在你的桌子上有個咖啡杯，你用手拿著。你感知到這個杯子。現在你漫不經心地用你的手指滑過咖啡杯。在這個過程中，新皮質接收的輸入有所改變，但你的感知是杯子保持穩定，不會覺得杯子在改變或移動。

　　為什麼我們的感知能夠保持穩定？為什麼我們沒有意識到來自皮膚和眼睛的輸入在改變？辨認出一樣東西，意味著多個皮質柱參與表決，就它們感知到什麼得出共識。各皮質柱參與表決的神經元形成一種穩定的形態，代表感知對象以及它相對於你的位置。參與表決的神經元感知到的東西如果沒有改變，這些神經元的活動不會因為你移動目光焦點或手指而改變。各皮質柱中的其他神經元會隨著運動而改變，但參與表決的神經元，也就是代表感知對象的神經元，不會改變。

　　如果你能仔細觀察新皮質，你會看到某層細胞呈現穩定的活動形態。這種穩定性跨越大片區域，涵蓋數以千計的皮質柱，這些是參與表決的神經元。其他細胞層的活動則迅速變化，情況因皮質柱而異。我們感知到什麼，是基於穩定的表決神經元。來自這些神經元的資料，被廣泛傳播到大腦的其他區域，在那裡可能被轉化為語言或儲存在短期記憶中。我們不會清楚意識到每個皮質柱之內的活

動變化，因為這種活動留在皮質柱之內，大腦的其他部分無從得知。

為了阻止癲癇發作，醫師有時會切斷病人新皮質左右兩邊的連結。病人接受這種手術之後，彷彿有兩個大腦。實驗清楚顯示，他們大腦的左右兩邊有不同的想法，會得出不同的結論。皮質柱表決可以解釋此中原因。新皮質左右兩邊的連結是用來表決的，它們被切斷之後，新皮質左右兩邊就無法進行表決，因此會得出各自的結論。

在任何一個時候，活躍的表決神經元都是很少的。如果你是一名觀察表決神經元的科學家，可能會看到98％的細胞處於靜止狀態，2％的細胞持續發射。皮質柱中其他細胞的活動，會因應輸入的變化而改變。你很容易將注意力集中在變化中的神經元上，忽略了表決神經元的重要性。

大腦想要達成共識。你很可能見過右頁這張圖，它可以視為呈現一個花瓶或兩張臉。在這種情況下，皮質柱無法確定哪一個是正確的感知對象。這就像它們有兩座不同城鎮的地圖，但兩幅地圖至少有某些區域一模一樣。「花瓶鎮」與「臉孔鎮」相似。表決層想達成一個共識，它不容許兩個感知對象同時活躍，因此從中選了一個。你可以看到兩張臉或一個花瓶，但無法同時看到兩者。

注意力

　　我們的感官被阻擋一部分是常有的事，例如你看著站在車門後面的人時，情況就是這樣。雖然我們只看到半個人，但我們不會被騙；我們知道，車門後面站著一個完整的人。看到這個人的皮質柱作了表決，它們確信眼前是一個人。作了表決的神經元投射到輸入遭遮擋的皮質柱，結果是每一個皮質柱都知道車門後面有一個人。連那些被遮擋的皮質柱都能預測到，如果那裡沒有門，它們會看到什麼。

　　片刻之後，我們可以把注意力轉移到車門上。一如那個花瓶與人臉的雙穩態（bistable）圖像，大腦對所接收的輸入可以有兩種不同的詮釋。我們的

注意力可以在「人」與「車門」之間來回轉移。每一次轉移都使表決神經元改變它們所注意的感知對象。我們感知到眼前有兩樣東西,雖然我們一次只能注意其中一樣。

大腦可以注意眼前景象比較小或比較大的一部分,例如我可以注意整個車門,也可以只注意車門把手。大腦確切如何做到這件事還不是很清楚,但這涉及大腦被稱為丘腦的這個部分,而它與新皮質的所有區域緊密相連。

注意力在大腦習得事物模型的過程中發揮至關重要的作用。一天之中,你的大腦不斷地迅速注意不同的事物。例如,當你閱讀時,你的注意力是從一個字轉移到另一個字。當你看著一座建築物時,你的注意力可能從建築物轉移到窗戶,再轉移到門、門閂,然後回到門上。我們認為每次你注意不同的東西時,你的大腦會確定這個東西相對於上一個注意對象的位置。這是自動發生的,它是注意過程(attentional process)的一部分。例如,我進入一個飯廳,可能首先注意到其中一張椅子,然後是桌子。我的大腦認出椅子,然後認出桌子。此外,我的大腦也計算椅子與桌子的相對位置。當我環顧飯廳時,我的大腦除了識別房間裡的所有東西,同時還確定每一件東西相對於其他東西和房間本身的位置。只是藉由環顧四周,我的大腦就建立了這個

房間的模型，內含我曾注意的所有東西。

　　你習得的模型通常是暫時的。假設你在飯廳裡坐下來與家人吃飯。你環顧餐桌，看到各種食物。然後我請你閉上眼睛，告訴我馬鈴薯在哪裡，你幾乎肯定答得出來，這證明了你在環顧餐桌的短短時間裡已經習得餐桌的模型，內含餐桌上的東西。幾分鐘後，在食物被傳來傳去之後，我再請你閉上眼睛，告訴我馬鈴薯在哪裡，你將回答一個新位置，那是你最後一次看到馬鈴薯的地方。這個例子想說的是，我們不斷致力於掌握我們感知的一切事物的模型。如果在我們的模型中，各要素的相對位置保持固定，例如咖啡杯上那個固定的標誌，那麼我們就可能長期記住這個模型。如果各要素的相對位置不時改變，就像餐桌上各種食物的位置，那麼模型就會是暫時的。

　　新皮質從未停止學習模型。注意力的每一次轉移，無論你是在看餐桌上的各種食物，還是在街上行走，還是注意到咖啡杯上的標誌，都是在為某事物的模型添加東西。無論這些模型是短暫還是長久的，這種學習過程都是一樣的。

千腦理論中的層級結構

　　數十年來，多數神經科學家都支持特徵層級論，這是大有道理的。這個理論雖然有很多問題，

但它與大量的資料相符。我們的理論提出了一種關於新皮質的不同思考方式。千腦理論認為，大腦不一定需要皮質區域的層級結構。即使是單一皮質區域也能識別物體，老鼠的視覺系統就證明了這一點。那麼，事實到底如何？新皮質是作為一種層級結構組織起來，還是由成千上萬個模型表決以得出共識？

從新皮質的解剖結構看來，兩種類型的連結都存在。我們可以如何理解這一點？我們的理論提出了一種關於連結的不同思考方式，它與層級結構論和單一皮質柱模型都相容。我們提出，各層級之間傳送的是完整的感知對象，而不是事物的特徵。新皮質不是利用層級結構將多個特徵組合成大腦認出的感知對象，而是利用層級結構將多個東西組合成比較複雜的東西。

前文討論過這種層級式組合。再想想那個側面印有標誌的咖啡杯例子。我們先注意杯子，然後再注意標誌，藉此習得這種新事物的模型。標誌本身也是由一些東西組成（例如一個圖案和一個單字），但我們不需要記住標誌的各個要素相對於杯子的位置，我們只需要掌握標誌的參考框架相對於杯子參考框架的位置。標誌的所有具體要素都隱含在其中。

我們就是以這種方式習得整個世界：世界是一

種複雜的層級結構，我們記得裡面眾多事物彼此間的相對位置。至於新皮質確切如何做到這件事，我們目前還不清楚。例如，我們估計某程度的層級式學習發生在每一個皮質柱中，但也有一些層級式學習是由區域之間的層級式連結處理的。至於多少學習發生在單個皮質柱之內、多少學習發生在區域之間的連結上，我們還不清楚。我們正在研究這個問題，而解答這個問題幾乎肯定需要對注意力有更好的理解，這正是我們正致力於研究丘腦的原因。

在本章前面，我列出了主流的特徵層級論（視新皮質為一種特徵偵測器層級結構）的多個問題。現在我們再來看這些問題，這一次將討論千腦理論如何回應每一個問題，從運動的基本作用說起。

- 千腦理論本質上是一種感覺運動理論，解釋了我們如何藉由移動來認識和識別各種東西。重要的是，它還解釋了為什麼我們有時可以在不動的情況下識別東西，例如認出顯示器上短暫閃現的圖片，或是利用所有手指抓住一樣東西。因此，千腦理論是層級論的一個母集，包含了後者。

- 靈長類動物的V1和V2區域顯著較大，老鼠的V1區域特別大，這些現象在千腦理論中都是合理的，因為根據這個理論，每一個皮質柱都

能識別完整的物體。與許多神經科學家現在所想的不同，千腦理論認為，我們視為視覺的大部分功能發生在V1和V2區域。與觸覺有關的第一和第二個區域也顯著較大。

- 千腦理論可以解釋為什麼當眼睛還在移動時，神經元就知道接下來將接收到什麼輸入。根據這個理論，每一個皮質柱都有完整物體的模型，因此知道在物體上的每一個位置應該感知到什麼。如果一個皮質柱知道其輸入的當前位置以及眼睛如何移動，就可以預測下一個位置以及它在該位置將感知到什麼。這就像看一幅城鎮地圖，然後預測你開始朝某個方向走將會看到什麼。

- 結合問題是基於這個假設：新皮質對世上每一樣事物都只有單一個模型。千腦理論否定這一點，認為每一樣事物都有數以千計的模型。大腦接收的各種輸入並沒有結合成單一個模型。皮質柱接收不同類型的輸入，一個皮質柱代表視網膜的一小部分，下一個皮質柱代表比較大的一部分，這些都沒關係。視網膜上是否有孔並不重要，就像你的手指之間是否有縫隙也不重要。投射到V1區域的圖案可能是扭曲和混亂的，但這並不重要，因為新皮質沒有任何一

部分會試圖重組這種混亂的圖案。千腦理論的
表決機制，解釋了為什麼我們會有不扭曲的單
一知覺，還解釋了在一種感官類型中認出一個
物體如何造就其他感官類型中的預測。

- 最後，千腦理論說明了新皮質如何利用參考框
架習得物體的三維模型。下列圖片可以提供多
一項小證據，它由一些印在平面上的直線構
成，沒有消失點，沒有匯聚線，也沒有利用遞
減的對比來呈現深度。但是，你在看這個圖片
時，不可能看不到它是一組三維的樓梯。你觀
察的圖像是二維的，但這沒關係；你的新皮質
中的模型是三維的，而你感知到的東西也是三
維的。

大腦十分複雜。關於位置細胞和網格細胞如何

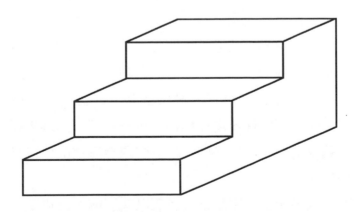

創造參考框架、習得環境的模型和規劃行動，細節比我所描述的還要複雜，而且我們至今僅了解一部分。我們認為新皮質利用類似的機制，而這些機制同樣複雜，而且我們知道得更少。這是實驗神經科學家和像我們這樣的理論研究者都正在積極研究的一個領域。

如果要進一步探討諸如此類的課題，我將必須介紹神經解剖學和神經生理學的更多細節，而這些細節既難以描述，也不是理解千腦智能理論基本要素所需要的。我們因此已經來到一個邊界──本書的探索到此為止，科學論文必須探究的則從這裡開始。

在本書一開始，我說大腦就像一幅巨大的拼圖。我們掌握了數以萬計關於大腦的事實，每一項資料就像一塊拼圖片，但如果沒有一個理論框架，我們就無法知道拼圖完成時會是什麼樣子。如果沒有理論框架，我們最多只能東拼幾片、西拼幾片。千腦理論就是一個框架；有了它，我們就像是確定了拼圖的邊界，知道了整個畫面的樣子。我在寫這一章時，我們已經填好了拼圖內部某些部分，但還有許多部分沒有拼好。雖然還有很多工作有待完成，但我們的任務現在變得簡單一些了，因為掌握了適當的框架，使我們比較清楚還有哪些部分沒有拼好。

我不希望大家誤以為我們已經了解新皮質所做

的一切，我們遠遠還沒有做到這件事。關於大腦、關於新皮質，我們至今仍不了解的東西非常多。但是，我不相信會有另一個整體理論框架可以告訴我們，大腦拼圖的邊界可用另一種方式拼出來。隨著時間推移，理論框架將會有所修改和改進，我預計千腦理論也將如此，但我相信，我在本書提出的核心想法將可大致保持不變。

　　在結束這一章和本書第一部之前，我想把我與弗農‧蒙卡索見面的故事講完。如前所述，我在約翰霍普金斯大學做了一次演講，而那天的最後節目是與蒙卡索和他的系主任見面。我必須離開的時間到了，我有飛機要趕。我們說了再見，外面有車在等我。當我正要走出辦公室時，蒙卡索攔住我，把他的手放在我的肩膀上，用一種給你一些建議的語氣說：「你應該停止談論層級結構。它其實不存在。」

　　我驚呆了。蒙卡索是世上最重要的新皮質專家，他卻告訴我，新皮質最重要和最有據可查的其中一個特徵並不存在。這就像法蘭西斯‧克里克親自對我說：「哦，那個DNA分子，它其實沒有編碼你的基因。」當時我不知道該如何回應，所以什麼也沒說。在坐車去機場的路上，我努力嘗試理解他

的臨別贈言。

　　現在我對新皮質層級結構的理解，已經發生了巨大的變化──新皮質的層級性比我曾經以為的少得多。弗農・蒙卡索當年知道這一點嗎？他說層級結構其實不存在，是否有他的理論根據？他當時是否想到了我不知道的實驗結果？他在2015年去世了，我因此永遠無法問他這些問題。他去世後，我主動重讀了他的許多著作和論文，他的思想和寫作總是很有見地。他1998年的著作《感知神經科學：大腦皮質》（*Perceptual Neuroscience: The Cerebral Cortex*）是一本精美的書，至今仍是我最喜歡的關於大腦的書之一。回想那一天，我覺得明智的做法是把握機會和他進一步交談，即使我可能因此錯過我的航班。我甚至更渴望現在能與他交談。我樂於作此設想：他很喜歡我在本章向各位描述的理論。

　　接下來，我想把我們的注意力轉向千腦理論將如何影響我們的未來。

第二部

機器智能

歷史學家湯瑪斯・孔恩（Thomas Kuhn）在其名著《科學革命的結構》（*The Structure of Scientific Revolutions*）中指出，多數科學進步是基於學界普遍接受的理論框架，他稱之為「科學典範」（scientific paradigms）。已確立的典範有時會被推翻，由新的典範取而代之，孔恩稱這種情況為科學革命。

神經科學的許多子領域如今都有已確立的典範，例如關於大腦如何演化、與大腦有關的疾病、網格細胞和位置細胞皆有典範。致力於這些領域的科學家共用一套術語和實驗技術，而且對於想要解答哪些問題有共識。但關於新皮質和智能，至今仍沒有學者普遍接受的典範。學者對新皮質做些什麼沒什麼共識，甚至對我們應該嘗試解答什麼問題也沒有共識。孔恩會說，關於智能和新皮質的研究，處於典範未確立的狀態。

在本書的第一部，我提出了一個關於新皮質如何運作和智能意味著什麼的新理論。你可以說我是在為新皮質的研究提出一個典範。我確信這個理論基本上是正確的，而且很重要的是，它是可以檢驗的。目前和未來的實驗將告訴我們，這個理論哪些部分正確，哪些部分需要修改。

在本書的第二部，我將闡述我們的新理論將如何影響人工智慧（AI）的未來。AI研究有一個既

定的典範，有一套稱為「人工神經網路」（artificial neural network）的通用技術。AI科學家有共同的術語和目標，使這個領域近年得以取得穩定的進展。

從千腦智能理論看來，機器智能的未來將與多數AI從業者今天的想法大大不同。我認為，AI經歷科學革命的條件已經成熟，而我之前闡述的智能原理將成為這場革命的基礎。

我對於是否要寫出這些想法曾有猶豫，這是受我在職涯早期的一段經歷影響，當時我與人分享了我對電腦運算的未來的看法，那次的經驗並不愉快。

我在創辦Palm Computing之後不久，獲邀到英特爾演講。在該公司一年一度的一項活動中，數百名資深員工齊聚於矽谷，參加為期三天的規劃會議。作為會議的一部分，他們邀請數名外部人士向所有與會者演講，而在1992年，我是其中一名演講者，我視為一項榮譽。英特爾當時正引領個人運算革命，是全球最受尊敬和最強大的公司之一。我的公司Palm當時只是一家小型新創企業，第一款產品還沒出貨。我的演講是關於個人運算的未來。

我提出了我的想法：個人運算的未來，將由小到可以放進口袋裡的電腦主導，這些裝置的價格將介於500至1,000美元之間，靠電池運作一整天。對全球數十億人來說，這種可以放在口袋裡的電腦，將是他們僅有的電腦。在我看來，這種轉變是無可

避免的。數十億人想要使用電腦，但筆記型和桌上型電腦太昂貴了，而且太難使用。我看到了口袋型電腦無可阻擋的流行趨勢，它們比較容易使用，而且較為便宜。

當時世界上有數以億計的桌上型和筆記型個人電腦，多數使用英特爾供應的中央處理器（CPU）。普通CPU每個賣400美元左右，而且十分耗電，無法用於仰賴電池供電的掌上型電腦。我向英特爾管理層表示，如果他們想維持英特爾在個人運算方面的領導地位，應該致力於三個方面：降低產品耗電量、縮小晶片的尺寸，以及設法從售價不到1,000美元的產品中賺取利潤。我的語氣是謙虛的，一點也不刺耳。我就像是這麼說：「啊，對了，我相信這件事將會發生，你們可能會想考慮其中的涵義。」

講完之後，我邀請與會者提問。當時所有人都圍著餐桌坐，午餐要等我答完問題才會供應，所以我並不預期會有很多人提問。我記得只接到一個問題，有個人站起來，以似乎帶點嘲笑的語氣問：「大家要用這些掌上型電腦做什麼？」這個問題很難回答。

當時，個人電腦主要用於文字處理、試算表和資料庫，掌上型電腦因為螢幕太小和沒有鍵盤，不適合用來做這些事。邏輯告訴我，掌上型電腦將主

要用於獲取資訊，而不是創造資訊，而當時我正是
這麼回答的。我說，查閱個人行事曆和通訊錄將是
最初的主要用途，但我知道這不足以改變個人運算
的面貌。我說，我們將會發現更重要的新應用。

在此提醒大家，在1992年初，我們沒有數位音
樂，沒有數位攝影，沒有Wi-Fi，沒有藍牙，而手機
也沒有行動數據可用。給消費者使用的第一個網路
瀏覽器還沒有發明出來。當時我不知道人類將會發
明這些技術，因此無法想像基於這些技術的應用。
但我知道，多數人總是想要取得更多資訊，而我們
將會想出辦法將這些資訊傳送到掌上型電腦上。

演講結束後，我與英特爾的傳奇創辦人高登‧
摩爾（Gordon Moore）博士同坐一桌，那是一張坐
了十個人左右的圓桌。我問摩爾博士對我的演講有
何看法？大家都靜下來聽他回答。他迴避直接回答
我，然後在餘下的用餐時間都避免與我交談。我很
快就清楚看到，他和所有同桌者都不相信我說的話。

那次經歷震撼了我。如果我無法說服電腦界最
聰明和最成功的人認真考慮我的想法，那麼或許是
我錯了，又或者電腦向掌上型運算的轉型將比我所
想的艱難得多。我作了一個決定：未來我最好是專
注於研發掌上型電腦，而不是擔心其他人的想法。
從那天開始，我避免發表關於電腦未來的「願景」
演講，而是盡力去使我想像的未來成為現實。

現在，我發現自己面對類似的情況。從本書這裡開始，我將描述一種與多數人 —— 事實上是多數專家 —— 預期不同的未來。首先，我將描述人工智慧的未來，它與 AI 領域多數領導者目前的想法背道而馳。然後在本書的第三部，我將描述我看到的人類未來，而那很可能是你從未想過的。當然，我的展望可能出錯；預測未來是出了名困難的事。但在我看來，我將提出的展望似乎必將發生，它們比較像邏輯推論，而非只是猜測。但是，正如多年前我在英特爾所經歷的那樣，我可能無法說服所有人。我將盡力而為，也希望大家保持開放的心態。

在接下來的四章裡，我將討論人工智慧的未來。眼下 AI 正經歷一場復興，是最熱門的科技領域之一，每天似乎都有新的應用、新的投資，以及更好的性能出現。AI 領域由人工神經網路主導，雖然這種網路與我們在大腦中看到的神經元網絡完全不同。我將說明為什麼 AI 的未來，將基於與現今主流不同、比較接近大腦運作方式的原理。為了創造真正的智慧型機器，我們必須根據本書第一部闡述的大腦運作原理來設計。

我不知道 AI 的未來應用會是什麼。但一如個人運算轉向以手持裝置為主，我認為 AI 轉向基於大腦的原理將是無可避免的。

8

為什麼現今的 AI 沒有 I

自1956年面世以來，人工智慧領域經歷了幾個從熱情高漲到悲觀情緒瀰漫的週期，AI科學家稱之為「AI之夏」和「AI冬天」。每一波浪潮都是基於一項新技術，看似有望使我們創造出智慧型機器，但最終這些創新都沒有成功。目前AI正經歷又一波熱潮，又一個AI之夏，而業界的期望再度高漲。驅動當前熱潮的技術是人工神經網路，通常被稱為「深度學習」（deep learning）技術。這些方法在歸類圖片、識別口語和駕駛汽車等作業上取得了矚目的成果。2011年，一部電腦在電視益智問答節目《危機情境》（*Jeopardy!*）中擊敗了表現頂尖的人類。2016年，另一部電腦擊敗了世界排名第一的圍棋選手。這兩項成就成為世界各地的頭條新聞，相關成就令人印象深刻，但這些機器真的有智慧嗎？

　　多數人，包括多數的AI研究人員，都認為不
是。現今的人工智慧在許多方面都不如人類智慧，
例如人類可以不斷地學習。如我之前所述，我們不
斷地修正我們大腦中的世界模型。相對之下，深度
學習網路必須經過充分訓練才能投入使用，而一旦
投入使用，就不能隨時隨地學習新東西。例如我們
若想教一個視覺神經網路多識別一個物體，該網路
就必須從頭重新訓練，而這可能需要好幾天的時
間。然而，今天的AI系統不被視為具有智慧，最
大的原因是它們只能做一件事，而人類可以同時做
很多不同的事。換句話說，AI系統是不靈活的。但
任何一個人，例如你或我，都可以學習下圍棋、耕
種、寫程式、開飛機和演奏樂器。我們一生中習得
數以千計的技能，雖然我們未必能在任何一項技能
達到頂尖水準，但我們在學習方面是很靈活的。深
度學習AI系統則幾乎毫無彈性可言，一部能下圍棋
的電腦或許可以打敗所有人類圍棋手，但不能做任
何其他事。一輛自動駕駛汽車在駕駛安全方面或許
好過所有人類司機，但不能下圍棋或處理爆胎問題。

　　AI研究的長遠目標，是創造出可以展現類似
人類智能的機器──這種機器可以快速學會新工
作，看到不同作業之間的類似之處，並且能夠靈活
地解決新問題。這項目標被稱為「通用人工智慧」
（artificial general intelligence, AGI），以區別現今的

有限AI。今天的AI產業面臨的基本問題是：我們
目前是走在創造出真正智慧型AGI機器的道路上，
還是將再次陷入困境，進入又一個AI冬天？當前
的AI熱潮，已經吸引了數以千計的研究人員和數
以十億美元計的投資，幾乎所有這些人才和資金，
都正被用在改善深度學習技術上。這種投資是否將
創造出人類水準的機器智能？抑或深度學習技術有
根本性的局限，我們因此將必須又一次再造AI領
域？當你身處泡沫之中時，很容易被熱情沖昏頭
腦，相信榮景將永遠持續下去。但歷史告訴我們，
應該保持謹慎。

　　我不知道當前的AI熱潮將持續多久，但我確
實知道，深度學習技術沒有使我們走上創造真正智
慧型機器的道路。我們以現行方式繼續努力，是不
可能創造出通用人工智慧的；我們必須另闢蹊徑。

通往AGI的兩條道路

　　AI研究者在製造智慧型機器方面有兩條路可
走。其一是我們的現行做法，也就是致力使電腦在
特定功能上超越人類，例如比人類更會下圍棋或更
會從醫學影像中辨識癌細胞。這種做法所抱持的希
望是：如果我們能使電腦在一些困難的事情上勝過
人類，我們最終將找到方法，使電腦在所有事情
上勝過人類。在這種AI研發方式下，系統如何運

作並不重要，電腦是否靈活也不重要。唯一重要的
是，AI電腦能比其他AI電腦更好地做某件事，而
且最終能比最優秀的人類做得更好。舉個例子：如
果最好的圍棋電腦排名世界第六，這不會成為頭條
新聞，甚至可能被視為AI的失敗，但擊敗世界排
名第一的人類圍棋手則會被視為一項重大進步。

創造智慧型機器的第二條路是著眼於靈活性。
在這種AI研發方式下，AI的表現不一定要好過人
類。研發的目標是創造出聰明且靈活的機器，不但
能夠做很多事，還可以將它們從某件事中學到的東
西應用在其他事情上。採納這種方式下的成功，可
能是創造出一部能力如同五歲兒童或甚至只是一隻
狗的機器。這種做法所抱持的希望是：如果我們能
夠先了解如何創造靈活的AI系統，那麼在這個基
礎上，我們最終將能創造出智能等同或甚至超越人
類的系統。

在早期的一些AI熱潮中，第二條路受到青
睞，但事實證明這太難了。科學家意識到，機器要
具有五歲孩子的能力，必須掌握大量的日常知識。
正常的兒童知道世界上無數的事物，知道液體如何
溢出、球如何滾動、狗如何吠叫，知道如何使用鉛
筆、麥克筆、紙和膠水，也知道如何打開書本，並
且知道紙張是可以撕開的。他們知道成千上萬的字
詞，也知道如何利用言語使別人做事。AI研究者無

法想出方法把這些日常知識寫進電腦程式裡，或使
電腦習得這些東西。

　　知識比較困難的部分不是陳述一個事實，而
是以有用的方式表示那個事實。且以「Balls are
round」（球是圓的）這句話為例。五歲的孩子知道
它是什麼意思，我們雖然可以輕鬆地把這句話輸入
到電腦裡，但電腦如何理解？「ball」與「round」
這兩個英文單字都有多種意思，「ball」可以是指
舞會，而舞會不能說是圓的；披薩是圓的，但披薩
不像一顆球。電腦要理解「ball」，就必須將這個
英文單字和不同的意思聯繫起來，而每一個意思都
與其他英文單字有不同的關係。此外，物體會動，
例如有些球會彈跳，但足球的彈跳方式與棒球不
同，而棒球的彈跳方式又與網球不同。你和我都是
藉由觀察，迅速認識到這些差別。我們不需要任何
人告訴我們球如何彈跳；我們只是把球扔到地上，
觀察隨後發生的事。我們不知道這些知識如何儲存
在我們的大腦裡，但是對我們來說，掌握球如何彈
跳之類的日常知識是毫不費力的。

　　然而，AI科學家想不到方法使電腦學會這些東
西。他們發明了 schema 和 frame 之類的軟體結構來
組織知識，但無論他們怎麼做，最後都搞出一堆無
用的混亂東西。世界相當複雜；一個孩子知道的事
物，以及這些事物之間的聯繫，看來是多到電腦無

法處理。我知道這似乎應該是很容易的事，但迄今就是沒有人知道如何使電腦明白「球是什麼」這麼簡單的一件事。

這個問題被稱為「知識表示」（knowledge representation）。一些AI科學家認為，知識表示並非只是AI的一個大問題，它其實是AI唯一的問題。他們聲稱，在我們找到方法在電腦中表示日常知識之前，我們不可能製造出真正的智慧型機器。

現今的深度學習網路並不掌握知識。下圍棋的電腦並不知道圍棋是一種遊戲，它不知道這種遊戲的歷史，也不知道自己的對手是電腦還是人類，甚至不知道「電腦」和「人類」是什麼意思。同樣地，辨識圖像的深度學習網路或許可以認出圖片裡有一隻貓，但它對貓的認識很有限。它不知道貓是動物，不知道貓有尾巴、腿和肺。它不知道愛貓者與愛狗者的差別，也不知道貓會打呼嚕和掉毛。這個深度學習網路只是確定眼前的新圖像與它之前見過的被標記為「貓」的圖像相似，它並不掌握關於貓的知識。

AI科學家最近試用了一種不同的知識編碼方法。他們創建了大型人工神經網路，並以大量文本訓練這些網路，例如數萬本書的全部文字、維基百科的全部內容，以及幾乎整個網際網路上的文字。他們逐個字詞將文本輸入到這些神經網路裡，經過

這種訓練，這些網路掌握了特定字詞組合出現的機率。這些語言網路可以做一些令人驚訝的事，例如你給這種網路幾個字詞，它可以寫出與這些字詞有關的一段短文，而我們很難分辨那是人類還是神經網路寫的。

這些語言網路是掌握了真實的知識，抑或只是藉由記住無數字詞的統計資料來模仿人類？AI科學家對此意見不一。在我看來，如果深度學習網路不以大腦那種方式建立世界的模型，這種技術就不可能實現 AGI 這個目標。深度學習網路表現良好，但這不是因為它們解決了知識表示問題，而是因為它們完全避開了這個問題，改為倚賴統計和大量資料。深度學習網路的運作方式十分聰明，它們的表現令人印象深刻，而且在商業上很有價值。我只是想指出，它們並不掌握知識，這種技術並非走在創造出能力等同五歲孩子的 AI 發展路上。

大腦作為 AI 的模範

從我對研究大腦產生興趣的那一刻起，我就覺得我們必須先了解大腦的運作原理，才有可能創造出智慧型機器。這在我看來是顯而易見的，因為大腦是我們所知道的唯一有智能的東西。在接下來的數十年裡，我這個想法不曾因為任何事情而改變。這正是我一直堅持研究大腦理論的原因之一：我覺

得這是創造真正的智慧型AI的必要第一步。我經歷了多次AI熱潮，每一次我都拒絕加入狂歡。我清楚看到，人們寄予厚望的那些技術，與大腦的運作方式根本不同，基於這些技術的AI因此必將陷入困局。釐清大腦的運作方式確實很難，但這是創造智慧型機器的必要第一步。

在本書的第一部，我講述了我們在認識大腦方面的進展，闡述了新皮質如何利用像地圖那樣的參考框架習得世上事物的模型。一如一幅紙地圖代表關於某個地理區域（例如某個城鎮或國家）的知識，大腦裡的地圖代表關於我們與之互動的物體（例如自行車和智慧型手機）的知識，關於我們身體的知識（例如我們的四肢在何處，以及它們如何運動），以及關於抽象概念的知識（例如數學）。

千腦理論解決了知識表示問題，下列舉個例子說明此中道理。假設我想表示關於一個常見物體如釘書機的知識，面對這個問題，早期的AI研究者會試著列出釘書機不同部分的名稱，然後描述每一個部分的作用。他們可能會寫下這樣一條關於釘書機的規則：「當釘書機的頂部被壓下時，一個釘書針會從一端出來。」但要理解這句話，「頂部」、「端」、「釘書針」等名詞必須加以定義，「壓下」和「出來」之類的不同動作也必須定義。此外，只有這條規則是不夠的，它沒有說明釘書針出來時朝

哪個方向，接下來會發生什麼事，又或者當釘書針卡住時應該怎麼做。AI 研究者因此必須寫更多規則，而這種知識表示方法會產生無止境的定義和規則。AI 研究者不知道如何使這種方法行得通，批評者甚至認為，即使所有規則都可以清楚說明，電腦仍將不會「知道」釘書機是什麼。

大腦則以完全不同的方式儲存關於釘書機的知識：它習得一個釘書機的模型；這種模型是知識的化身。想像一下，你的頭腦裡有個微型釘書機，跟真的釘書機幾乎一模一樣，形狀相同、零件相同、運動方式相同，只是小得多。這個微小的模型代表了你所知道的關於釘書機的一切，而且不需要標記釘書機的任何一部分。如果你想記起釘書機的頂部被壓下時會發生什麼事，你可以按下這個小模型，看看會發生什麼事。

當然，你的頭腦裡並沒有一個微小的實體釘書機。但新皮質的細胞習得一個虛擬模型，而它可以產生同樣的作用。在你與真實的釘書機互動的過程中，大腦習得它的虛擬模型，而這個模型包含你觀察到的關於真實釘書機的一切，包括它的形狀和你在使用時發生的事。你對釘書機的認識嵌入這個模型中，你的大腦裡並不是儲存著關於釘書機的一系列事實和規則。

假設我問你：釘書機的頂部被壓下時，會發生

什麼事？你要回答這個問題，並不是找出頭腦裡儲存的釘書機相關規則，然後告訴我答案。實際情況將是你的大腦想像釘書機的頂部被壓下，然後大腦裡的釘書機模型會記起接下來將發生的事。你可以用言語告訴我答案，但這些知識並不是儲存在語言或規則中，相關知識就是那個模型。

我相信AI的未來，將是基於大腦的運作原理。真正的智慧型機器，真正的AGI，將利用像地圖那樣的參考框架習得世界的模型，就像新皮質那樣。我認為這是無可避免的，我不相信有其他方法可以創造真正的智慧型機器。

從專用型到通用型AI解決方案的轉變

現今的AI發展處境，使我想起電腦的早期階段。電腦的英文「computer」，最初是指那些從事數學計算工作的人。當年要創建數字表或解碼加密訊息，必須動用幾十名人類計算者手工完成必要的計算。最早的電子計算機是設計來取代人類計算者做特定工作的。例如，訊息解密的最佳自動化解決方案是一部只做訊息解密工作的機器。艾倫・圖靈（Alan Turing）等電腦先驅當年指出，我們應該開發通用型電腦，也就是搭配程式將可做幾乎任何工作的電子機器。但在那個時候，沒有人知道製造這種電腦的好方法。

　　當時有一個過渡時期，期間有許多不同形式的電腦面世——有針對特定工作設計的電腦，有類比電腦，有必須改變線路才可以改變用途的電腦，也有使用十進位而不是二進位數字的電腦。今天，幾乎所有的電腦都是圖靈設想的那種通用型電腦，我們甚至把它們稱為「通用圖靈機」。搭配適當的軟體，現今的電腦可用於幾乎任何工作。通用型電腦成為壓倒性的主流類型，是市場力量決定的，儘管即使在今天，任何特定工作都可以利用客製化解決方案，例如某種特殊晶片，以更快的速度或更省電的方式完成。產品設計師和工程師通常偏好通用型電腦的低成本和便利性，即使專用型機器可能比較快或比較省電。

　　人工智慧也將發生類似的轉變。今天，我們致力於創造專用型 AI 系統，它們無論被設計來做什麼，都可以交出最好的表現。但在未來，多數智慧型機器將是通用型的：它們將比較像人類，能夠學習幾乎任何東西。

　　今天的電腦，有許多不同的形狀和大小，例如烤麵包機中的微型電腦非常小，用於天氣模擬的電腦則有一個房間那麼大。雖然它們在尺寸和速度方面顯著有別，但這些電腦全都採用圖靈等人多年前提出的運作原理，都是通用圖靈機的實例。同樣地，未來的智慧型機器將有許多不同的形狀和大

小，但幾乎全都將採用一套共同的運作原理。多數AI將是通用的學習機器，類似人類的大腦。（數學家已經證明，有一些問題是無法解決的，甚至在理論上也是。因此，確切而言，世上沒有真正的「通用」解決方案。但這是個非常理論化的概念，就本書的內容而言，是可以忽略的。）

　　一些AI研究者認為，今天的人工神經網路已經是通用的，我們可以訓練一個神經網路來下圍棋，也可以訓練它來駕駛汽車。但是，同一個神經網路不可能兼具這兩種功能。神經網路還必須以其他方式調整和修改，才可以真的做某種工作。當我使用「通用」這個詞時，想像的是像人類的機器：它們可以學做很多事，而且不必每次都抹去記憶重新開始。

　　AI將從現今所見的專用型解決方案，過渡至將主導未來的通用型解決方案，背後有兩個原因。第一個原因也是通用型電腦壓倒專用型電腦的原因：通用型電腦最終更具成本效益，而這造就了更快速的技術進步。隨著越來越多人使用相同的設計，將有更多資源被用來改善最流行的設計和強化支撐它們的生態系統，進而造就成本和性能的快速改善。這正是運算能力指數型成長的基本驅動因素，而這種發展塑造了二十世紀後半葉的產業和社會面貌。AI將過渡至通用型解決方案的第二個原因是：機器

智能一些最重要的未來應用，將會需要通用型解決
方案的靈活性。這些應用將需要處理意料之外的問
題，並設計出新穎的解決方案，而這是今天的專用
型深度學習機器無法做到的。

　　且以兩種類型的機器人為例。第一種機器人在
工廠裡為汽車噴漆，我們希望噴漆機器人是快速、
準確、不變的，不希望它們每天嘗試新的噴漆方
式，也不希望它們質疑為什麼要為汽車噴漆。就裝
配線上的汽車噴漆工作而言，單一用途、沒有智慧
的機器人，就是我們需要的機器人。現在假設我們
想派一隊營建機器人前往火星，在那裡為人類建造
一個宜居的棲息地。這些機器人必須使用各種工
具，在非結構化的環境中組裝建築物。它們會遇到
意料之外的問題，將必須彼此合作，臨時設計解決
方案和調整設計。人類可以處理這些類型的問題，
但今天沒有任何機器接近具有哪怕只是一點的這種
能力。火星營建機器人將必須具有通用的智能。

　　你可能認為，對通用智慧型機器的需求將是有
限的，多數 AI 應用將採用現今所見的專用型、單
一用途技術。當年，人們對通用型電腦也有同樣的
想法；他們認為，對通用型電腦的商業需求，僅限
於少數高價值的應用。事實證明，情況恰恰相反。
因為成本和尺寸大幅降低，通用型電腦成為上個世
紀最重要和最有經濟價值的技術之一。我相信，通

用型AI將在二十一世紀後半葉主導機器智能，就像通用型電腦成為主流那樣。商用電腦面世於1940年代末和1950年代初，當時人們無法想像它們在1990年或2000年將有什麼應用。現在我們的想像力面臨類似的挑戰，沒有人知道五十年或六十年後，我們將如何使用智慧型機器。

怎樣才算有智能？

一部機器要怎樣才算是有智能？是否有一套我們可以採用的標準？這就像是問這個問題：一部機器要怎樣才算是通用型電腦？要成為一台通用型電腦，也就是一台通用圖靈機，機器必須具有某些元件，例如記憶體、CPU，以及軟體。你無法從外部檢測到這些元件，例如我不知道我的烤麵包機裡面是有一個通用型電腦還是一個客製化晶片。我的烤麵包機功能越多，就越有可能包含一個通用型電腦，但要確定答案，唯一的辦法就是觀察機器內部，了解它的運作方式。

同樣地，機器必須基於特定原理運作，才算是有智能。你無法藉由從外部觀察，來確定一個系統是否基於這些原理運作。例如，如果我看到一輛汽車在公路上行駛，我無法確定它是由一個有智能的人駕駛（這個人在駕駛過程中會不斷地學習和適應），還是由一個簡單的控制器操控（它只是維持

汽車在兩條線之間。）當汽車展現的行為越複雜，越有可能是有智能的行為者在控制，但確定答案的唯一辦法是觀察內部情況。

那麼，機器是否必須符合某一套的標準，才可以視為有智能？我認為是。我提議的智能標準是基於大腦的運作方式。下面列出的四個特質，都是我們所知道的大腦特質，而我相信智慧型機器也必須是這樣。我將說明每一個特質是什麼、為何重要，以及大腦實際怎麼做。當然，智慧型機器執行這些特質的方式可能與大腦不同，例如智慧型機器不必由活細胞構成。

不是所有人都會同意我選擇這些特質，或許會有人提出很好的論點，說我漏了一些重要的東西，那沒關係。我視我的清單為 AGI 的最低標準或基本屬性，而現在極少 AI 系統具有這些特質中的任何一項。

1. 持續學習

它是什麼：我們一生中清醒的每一刻都在學習。我們記住事物的時間長短不一。有些事情很快就會忘記，例如餐桌上各種食物的擺放位置，又或者我們昨天穿了什麼衣服。但有些東西我們終身都會記得。學習不是一種獨立於感覺和行動的過程。我們不斷地學習。

為何重要：世界不斷在變；因此，我們必須不斷學習，更新大腦裡的世界模型以反映世界的變化。現今多數AI系統並沒有持續學習，它們經歷一種漫長的訓練過程，完成之後投入使用，這是它們不靈活的一個原因。要靈活就必須不斷調整，以因應環境的變化和新的知識。

大腦怎麼做：對大腦持續學習最重要的是神經元。一個神經元如果習得一種新形態，會在它的一個樹突分支上形成新的突觸。這些新突觸並不影響其他樹突分支上之前形成的突觸，所以學習新的東西不會迫使神經元忘記或修改之前學到的東西。現在的AI系統使用的人工神經元不具備這種能力，這是它們無法持續學習的一個原因。

2. 藉由運動學習

它是什麼：我們藉由運動學習。在每一天的生活中，我們會移動我們的身體、我們的四肢，以及我們的眼睛。這些運動在我們的學習方式中是不可或缺的。

為何重要：智慧有賴習得一個世界的模型。因為我們不可能同時感知世上所有事物，學習有賴運動。如果不從一個房間走到另一個房間，你就無法習得一間房屋內部的模型；如果不與程式互動，你就無法學會智慧型手機上的一個新應用程式。運動

可以不是身體的運動，藉由運動學習的原理，也適用於數學之類的概念和網際網路之類的虛擬空間。

大腦怎麼做：新皮質中處理資料的單位是皮質柱。每一個皮質柱都是一個完整的感覺運動系統——也就是說，它獲得輸入，並能產生行為。每一次運動都導致皮質柱預測它將接收到的下一個輸入。預測是皮質柱檢驗和更新其模型的方式。

3. 許多模型

它是什麼：新皮質由數以萬計的皮質柱構成，每一個皮質柱都習得許多事物的模型。關於任何特定事物（例如咖啡杯）的知識，分散在許多互補的模型中。

為何重要：新皮質的多模型設計造就了靈活性。藉由採用這種結構，AI 設計師可以輕易創造出集成多種類型感測器的機器，例如視覺和觸覺，甚至是雷達之類的新型感測器，也可以創造出有各種體現形式的機器。一如新皮質，智慧型機器的「大腦」，將由許多幾乎一模一樣的元素構成，可以連接各種可移動的感測器。

大腦怎麼做：多模型設計有效運作的關鍵是表決。每一個皮質柱某程度上獨立運作，但新皮質中的長距離連結，使多個皮質柱得以表決確定感知對象是什麼。

4. 利用參考框架儲存知識

它是什麼：在大腦裡，知識儲存在參考框架中。參考框架也被用來作預測、制定計畫，以及進行運動。大腦觸動參考框架中連續多個位置，檢索儲存在這些位置的知識，思考就發生了。

為何重要：機器要有智能，必須習得一個世界的模型。這個模型必須包括各種東西的形狀，我們與之互動時發生的變化，以及它們彼此間的相對位置。這種資料需要參考框架來表示；參考框架是知識的支柱。

大腦怎麼做：每一個皮質柱都建立自己的一套參考框架。我們提出了這個觀點：皮質柱利用相當於網格細胞和位置細胞的細胞來創建參考框架。

參考框架的例子

多數人工神經網路完全沒有相當於參考框架的東西。例如，用來辨識圖像的典型神經網路，只是分配一個標記給每一個圖像。因為沒有參考框架，這種網路無法習得物體的三維結構或它們如何移動和變化。這種系統的一個問題是：我們不能問它們為什麼標記某圖像為貓。這種AI系統不知道貓是什麼，它們除了知道這個圖像與被標記為「貓」的其他圖像相似，並不掌握其他相關資料。

某些形式的AI確實有參考框架，雖然這種框

架的用途很有限。例如，下棋的電腦就運用棋盤這個參考框架。西洋棋盤上的位置以專門術語稱呼，例如「國王城堡4」（king's rook 4）或「皇后7」（queen 7）。下棋的電腦利用這個參考框架來表示每個棋子的位置，表示符合規則的棋步，以及規劃棋步。棋盤參考框架本質上是二維的，只有六十四個位置。這用來下棋是很好的，但對於學習釘書機的結構或貓的行為是無用的。

自動駕駛汽車通常有多個參考框架，其一是全球衛星定位系統（GPS），無論車子在地球上什麼地方都能確定位置。汽車利用GPS參考框架，可以習得道路、十字路口和建築物的位置。GPS是一種比西洋棋盤通用的參考框架，但它是固定在地球上的，因此不能用來表示相對於地球移動的東西的結構或形狀，例如風箏或自行車。

機器人設計師習慣使用參考框架，利用參考框架追蹤機器人在世界中的位置，以及規劃機器人從一個地方移動到另一個地方的方式。多數機器人專家並不關心AGI，而多數AI研究者沒有意識到參考框架的重要性。AI與機器人學現在基本上是兩個不同的研究領域，雖然兩者之間的界線已經開始變得模糊。一旦AI研究者認識到運動和參考框架對創造AGI至為重要，人工智慧與機器人學之間的界線將完全消失。

傑佛瑞・辛頓（Geoffrey Hinton）是認識到參考框架重要性的一名AI科學家。現今的人工神經網路，正是基於辛頓在1980年代提出的想法。辛頓最近對這個領域提出批評：他認為，因為深度學習網路完全沒有位置感，它們無法習得世界的結構。這實質上與我的批評相同——我認為AI需要參考框架。辛頓針對這個問題提出了他稱為「膠囊」（capsules）的解決方案。「膠囊」據稱可以大大改善神經網路，但迄今還沒有在AI主流應用中流行起來。「膠囊」將大獲成功，抑或未來的AI將仰賴我提出的類似網格細胞的機制，目前仍有待觀察。但無論如何，智能都需要參考框架。

最後，來想一下動物。所有哺乳動物都有新皮質，因此根據我的定義，牠們都是有智能、通用的學習者。每一個新皮質，無論大小，都有由皮質網格細胞界定的通用參考框架。

老鼠的新皮質很小，因此相對於新皮質較大的動物，老鼠的學習能力比較有限。但我會說老鼠是有智能的，一如我的烤麵包機裡的電腦是一台通用圖靈機。烤麵包機的電腦很小，但它完整體現了圖靈的設想。同樣地，老鼠的大腦也很小，但它完整體現了本章闡述的智慧型學習特質。

動物世界裡的智能，並非僅限於哺乳動物，例如鳥類和章魚都能學會和展現複雜的行為。幾乎可

以肯定的是，這些動物的大腦裡也有參考框架，雖然我們還不清楚牠們是利用類似網格細胞和位置細胞的東西，還是採用不同的機制。

　　這些例子告訴我們，一個系統若能展現規劃能力和目標導向的複雜行為，則無論它是下棋的電腦、自動駕駛的汽車，還是人類，就幾乎一定有參考框架。參考框架的類型，決定了系統可以學會什麼。為某種特定用途（例如下棋）設計的參考框架，放在其他領域是無用的。通用的智能需要通用的參考框架，因為只有這種參考框架可以用來處理許多不同類型的問題。

　　值得再次強調的是，衡量智能不是看一部機器可以多出色地做一件事或甚至幾件事，衡量智能是看一部機器如何學習和儲存關於世界的知識。我們有智能，不是因為我們某件事做得特別出色，而是因為我們能夠學會做幾乎任何事。人類智能的極端靈活性，需要我在本章闡述的特質，包括持續學習、藉由運動學習、習得許多模型，以及利用通用的參考框架來儲存知識和產生目標導向的行為。我相信在未來，幾乎所有形式的機器智能都將具有這些特質，雖然我們現在距離這種狀態還很遠。

　　有一群人會說，我忽略了與智能有關的最重要話題：意識。我將在下一章討論這個問題。

9

當機器有了意識

我最近參加了一場主題為「在智慧型機器的時代當人」（"Being Human in the Age of Intelligent Machines"）的小組討論。在當晚的討論中，耶魯大學一名哲學教授說，如果機器有了意識，那麼我們很可能在道德上有義務不關掉它。言下之意是，如果某樣東西有意識，即使它是一部機器，那麼它就有道德權利，關掉它等同謀殺。哇！想像一下有人因為拔掉電腦插頭而被送進監獄。我們應該關注這個問題嗎？

多數神經科學家不大談論意識問題。他們假定大腦可以像所有其他物理系統那樣去認識了解，而意識，無論它是什麼，也將可以用同樣的方式解釋。因為「意識」（consciousness）一詞甚至沒有公認的明確意思，所以最好不要擔心這個問題。

　　另一方面，哲學家喜歡談論（和寫書討論）意識。有些人認為，意識是超越物理性描述（physical description）的。也就是說，這些人認為，即使你完全明白大腦如何運作，還是會無法解釋意識。哲學家大衛・查爾默斯（David Chalmers）有句名言：意識是「困難的問題」，而了解大腦如何運作是「容易的問題」。這句話流行起來，現在很多人乾脆假定意識是一個本質上無法解答的問題。

　　我個人認為，沒有理由相信意識是無法解釋的。我不想與哲學家辯論，也不想試著定義意識。不過，從千腦理論看來，意識的幾個方面是可作物理性解釋的。例如，大腦習得世界模型的方式，與我們的自我意識和我們形成信念的方式密切相關。

　　在本章我想做的是，講述大腦理論對意識的幾個方面有何說法。我將堅持只講我們對大腦的認識，至於意識是否還有需要解釋之處，則留待讀者評斷。

覺察

　　想像一下，我可以重設你的大腦，使它確切回到你今天早上醒來時的狀態。在我重設你的大腦狀態之前，你將起床過你的一天，做你平時做的事。假設在這一天，你洗了你的車，到了吃晚餐的時候，我將你的大腦重設成你起床時的狀態，消除這

一天發生的所有變化,包括突觸的變化,你對這一天的所有記憶都被抹去。在我重設你的大腦之後,你會相信你剛剛醒來。如果我告訴你,你在這一天洗了車,你一開始會反駁,聲稱這不是真的。假設我給你看你這一天洗車的影片,你可能會承認,看來你真的洗了車,但你認為你當時不可能有意識。你也可能表示,你不應該被要求對你這一天所做的任何事負責,因為你做這些事情時沒有意識。但是,你在洗車的時候,當然是有意識的。你會相信並聲稱你當時沒有意識,只是因為你對這一天的記憶被消除了。這個思想實驗證明,我們的覺察感(sense of awareness),也就是許多人所說的「有意識」(being conscious),有賴我們對自己的行動形成時時刻刻的記憶(moment-to-moment memories)。

意識也要求我們對自己的思想形成時時刻刻的記憶。如前所述,思考只是連續激活大腦中的一些神經元。我們可以記得一連串的念頭,一如我們可以記得一段旋律中的一連串音符。如果我們不記得自己的念頭,就會不知道自己為什麼做了某些事或出現在某處。例如,我們都曾有過這種經驗:在自己家裡去某個房間要做某件事,但進去之後卻忘了自己要做什麼。遇到這種情況時,我們通常會問自己:「我來到這裡之前是在哪裡?當時我在想什麼?」我們嘗試記起自己最近的念頭,以便知道自

己現在站在廚房裡是要幹什麼。

當我們的大腦運作良好時，神經元會對我們的思想和行動形成連續的記憶。在這種情況下，我們走進廚房時，可以記起自己稍早的念頭。我們找到最近儲存的記憶，想起自己剛才是想把冰箱裡最後一塊蛋糕吃掉，於是就知道自己為什麼進廚房。

大腦中活躍的神經元在某些時刻代表我們現在的經歷，在另一些時刻代表以前的經歷或以前的念頭。正是這種回溯過去、然後跳回現在的能力，給予我們存在感和意識。如果我們無法喚起對自己最近的想法和經歷的記憶，我們就不會覺察到自己是活著的。

我們時時刻刻的記憶並不是永久的，通常在幾小時或幾天內就會忘掉。我記得自己今天早餐吃了什麼，但一兩天後就會失去這個記憶。形成短期記憶的能力隨年齡增長而衰退，這是很常見的事。這就是為什麼隨著年齡增長，我們越來越常遇到「我來這裡是要幹嘛？」的情況。

這些思想實驗證明，我們的覺察、我們的存在感（這是意識的核心部分），取決於不斷形成對我們最近的念頭和經歷的記憶，並在生活中適時喚起這些記憶。

現在，假設我們創造了一部智慧型機器，它利用與大腦相同的原理習得一個世界的模型。這部機

器的世界模型的內部狀態，等同大腦中神經元的狀態。如果這部機器能在這些狀態發生時記住它們，而且能夠喚起這些記憶，那麼它是否會覺察和意識到自己的存在，一如你和我？我認為，答案是肯定的。

如果你認為意識無法以科學研究和已知的物理定律解釋，那麼你可能會說，我只是證明了儲存和回憶大腦的狀態是必要的，但沒有證明這已經足夠。如果你抱持這種觀點，你有責任證明為什麼這還不足夠。

在我看來，覺察感——存在的感覺，我是世上一名行動者的感覺——是意識的核心。它不難以神經元的活動解釋，而我不認為這當中有什麼神祕之處。

感質

從眼睛、耳朵和皮膚進入大腦的神經纖維看起來都一樣。它們不但看起來一樣，還利用看起來一樣的棘波傳送資料。如果你看大腦接收的輸入，你是無法辨別它們代表什麼的。但是，我們對視覺和聽覺的感覺是不同的，而無論視覺還是聽覺，我們都不會覺得它們像棘波。當你看著田園風光時，你不會感覺到電棘波進入你的大腦的嗒嗒聲；你看到的是山丘、顏色和光影。

我們對感官輸入的感知或感覺稱為「感質」（qualia）。感質是費解的——既然所有的知覺都是

由相同的棘波產生，為什麼看的感覺與觸摸的不同？為什麼有些輸入棘波會產生痛的感覺，有些卻不會？這些問題或許像是傻問題，但如果你想一下，大腦位於頭骨裡，它接收的輸入只是棘波，你應該就能體會到這當中的奧祕。我們感受到的知覺來自哪裡？感質的由來被視為意識的奧祕之一。

感質是大腦世界模型的一部分

感質是主觀的，這意味著感質是內在的體驗。例如，我知道泡菜對我來說是什麼味道，但我不知道泡菜對你來說是不是同樣的味道。即使我們用同樣的字眼描述泡菜的味道，你和我對泡菜的感知仍可能是不同的。有時我們真的知道，即使大腦接收一樣的輸入，不同的人會有不同的感知。最近的一個著名例子是一條裙子的照片，有些人看到裙子是白色和金色的，也有人看到裙子是黑色和藍色的。完全相同的照片可以導致對顏色的不同感知，這告訴我們，顏色的感質並非完全是物質世界的屬性。如果是那樣，所有人都會看到相同顏色的裙子。那條裙子的顏色，是我們大腦裡的世界模型的一個屬性。如果兩個人對相同的輸入有不同的感知，那就意味著他們大腦裡的世界模型有所不同。

我家附近有個消防局，外面的車道上有一輛紅色的消防車。消防車的表面總是呈現紅色，雖然它

反射的光的頻率和強度會有變化。光隨著太陽的角度、天氣和車道上消防車的方向而改變,但我不會覺得消防車的顏色有變。這告訴我們,我們所感知的紅色與光的頻率,並沒有一對一的對應關係。紅色與特定的光頻率有關,但我們感知到的紅色並非總是源自相同頻率的光。消防車的紅色是大腦的產物,它是大腦的表面模型的一個屬性,不是光本身的一個屬性。

有些感質是藉由運動習得的,就像我們習得事物模型那樣

如果感質是大腦的世界模型的一種屬性,大腦是如何創造感質的?如前所述,大腦藉由運動習得世上事物的模型。為了知道咖啡杯拿在手裡的感覺,你必須在咖啡杯上移動你的手指,在不同的位置加以觸摸。

有些感質是以類似的方式習得的,也就是藉由運動習得。想像一下,你手裡拿著一張綠色的紙,你一邊看著它,一邊移動它。你先是直視它,然後把它轉向左邊,再轉向右邊,然後轉向上面,再轉向下面。隨著你改變綠紙的角度,進入你眼睛的光的頻率和強度也會改變,進入你大腦的棘波形態因此也會改變。當你移動一個物體時,例如移動那張綠紙時,你的大腦會預測光線將如何變化。我們

可以確定大腦作出這種預測，因為如果你移動那張紙時，光線沒有變化，又或者出現異常的變化，你就會注意到可能出了問題。這是因為大腦有一種模型，是關於物體表面如何從不同的角度反射光線；不同類型的表面有不同的模型。我們可能把某種表面的模型稱為「綠色」，另一種表面則稱為「紅色」。

那麼，我們如何習得物體表面顏色的模型？想像一下，對我們稱為綠色的物體表面，我們有一個參考框架。綠色表面的參考框架與物體（例如咖啡杯）的參考框架有個重要差別：咖啡杯的參考框架代表在杯子不同位置所感知的輸入，綠色表面的參考框架則代表從物體表面不同方位所感知的輸入。你可能會覺得代表方位的參考框架難以想像，但從理論的角度來看，這兩種參考框架是相似的。大腦用來習得咖啡杯模型的基本機制，也可以用來習得顏色的模型。

在沒有進一步證據的情況下，我不確定顏色的感質是否真的基於這種模型。我提到這個例子，是因為它告訴我們，對於我們如何習得和體驗感質，是有可能建構可檢驗的理論和神經解釋的。它告訴我們，感質可能並非像某些人所想的那樣，處於正常科學解釋的範疇之外。

並非所有的感質都是習得的。例如，痛的感覺幾乎肯定是與生俱來的，由特殊的疼痛受體和舊腦

結構（而不是新皮質）介導。如果你碰到一個熱爐子，在你的新皮質知道發生了什麼事之前，你就已經感覺到痛並縮回了你的手。因此，痛不能像綠之類的顏色那樣理解，而我認為顏色是我們在新皮質習得的。

當我們感覺到痛時，它是「在那裡」，在我們身體某處。位置是痛的感質的一部分，而對於為什麼我們在不同的位置感知到痛，我們有一種可靠的解釋。但我無法解釋為什麼痛會使我們很不舒服，或者為什麼痛會是那樣的感覺。不過，這完全沒有使我深感困擾。關於大腦，我們還有很多事情不了解，但我們在大腦研究方面穩步取得進展，使我深信與感質有關的種種問題，可以在正常的神經科學研究和發現過程中得到解答。

意識的神經科學

有些神經科學家致力研究意識。在這個領域的光譜一端，神經科學家相信意識問題很可能是正常的科學解釋無法解答的。他們研究大腦，尋找與意識有關的神經活動，但他們不相信神經活動可以解釋意識。他們認為，也許意識是永遠無法理解的，又或者意識源自量子效應或人類未發現的物理定律。我個人是無法理解這種觀點。為什麼我們要假定有些東西是無法理解的？人類漫長的發現史一再

告訴我們，起初看似無法理解的事物，最終都有合乎邏輯的解釋。如果有些科學家不尋常地聲稱意識不能以神經活動解釋，我們應該抱持懷疑態度，而這些科學家有責任說明為何如此。

但研究意識的另一些神經科學家認為，意識可以像所有其他物理現象那樣認識了解。他們認為，如果意識看似神祕，那只是因為我們還不了解其機制，以及或許我們沒有正確地思考問題。我和我的同事無疑屬於這個陣營。普林斯頓大學神經科學家邁克·格拉齊亞諾（Michael Graziano）也是，他提出了這個想法：新皮質某個區域負責建立注意力的模型，就像新皮質的軀體區域建立身體的模型那樣。他認為，大腦的注意力模型使我們相信自己是有意識的，就像大腦的身體模型使我們相信自己有四肢那樣。我不知道格拉齊亞諾的理論是否正確，但在我看來，它代表正確的進路。注意，他的理論是基於新皮質習得注意力的模型。如果他是對的，我敢打賭，這個模型是利用類似網格細胞的參考框架建立的。

機器意識

如果意識真的只是一種物理現象，那麼我們應該對智慧型機器和意識有何期待？在我看來，運作原理與大腦相同的機器無疑會有意識。目前的 AI

系統不是以這種原理運作，但未來將是，屆時它們將會有意識。我也認為，許多動物，尤其是其他哺乳動物，無疑也是有意識的。我們不需要牠們告訴我們就能知道這件事：看到牠們的大腦以類似人類大腦的方式運作，我們就知道牠們是有意識的。

面對有意識的機器，我們是否有不關掉它們的道德義務？關掉有意識的機器是否等同謀殺？我認為不是。我對拔掉有意識機器的插頭不會有顧慮。首先，我們人類每天晚上睡覺，可說就是處於一種關機的狀態。我們醒過來就是回到開機的狀態。在我看來，這與拔掉一部有意識機器的插頭，一段時間後重新開機沒什麼不同。

那麼，如果在關機之後摧毀智慧型機器，又或者永遠不再開機，那又如何？這不就類似在一個人睡著時謀殺他嗎？我認為不是。

我們對死亡的恐懼，是我們的大腦比較古老的部分產生的。如果我們察覺到生命受威脅的情況，我們的舊腦就會產生恐懼感，而我們的行為將會開始變得比較反射性。我們在失去親人時，會哀悼和感到悲傷。恐懼和情緒是因為舊腦中的神經元向身體釋出荷爾蒙和其他化學物質而產生的。新皮質可能幫助舊腦決定何時釋出這些化學物質，但如果沒有舊腦，我們就不會感到恐懼或悲傷。對死亡的恐懼和對失去珍貴事物的悲傷，並不是機器有意識或

有智能的必要條件。除非我們特地使機器像人類那樣有恐懼和情緒，它們將根本不在乎自己是否被關機、拆掉或報廢。

不過，人類有可能對智慧型機器產生感情。也許是人與機器共同經歷了許多事，人因此覺得自己與機器建立了親近的關係。在這種情況下，如果我們要關掉機器，就必須考慮對人的傷害。但我們對智慧型機器本身，不會有不關機的道德義務。如果我們特地使智慧型機器有恐懼和情感，我對這個問題會有不同的看法，但智能和意識本身並不會造成這種道德困境。

生命的奧祕與意識的奧祕

不是很久之前，「生命是什麼？」是與「意識是什麼？」一樣神祕的問題。在那個時候，人類似乎不可能解釋為什麼有些物質是活的，有些則不是。許多人認為，這個謎團看來是科學無法解釋的。1907年，哲學家亨利・柏格森（Henri Bergson）提出了他稱為「生命衝力」（*élan vital*）的一種神祕東西，藉此解釋生物與非生物的差別。根據柏格森的說法，無生命的東西加了生命衝力之後，就有了生命。重要的是，生命衝力不是物質性的，無法藉由正常的科學研究認識了解。

隨著人類發現基因和DNA，並建立生物化學

這整個領域，我們不再認為生命是無法解釋的。關
於生命至今仍有許多未解之謎，例如：生命是如何
開始的？生命在宇宙中是否常見？病毒是一種生物
嗎？生命能夠利用不同的分子和化學方式存在嗎？
但是，這些問題和它們引起的爭論都是次要的，科
學界如今已不再爭論生命是否可以解釋。在某個時
候，人們開始清楚認識到，生物學和化學可以解釋
生命，而生命衝力之類的概念也就成為歷史事物。

　　我預計，人們對意識問題也將經歷類似的態度
轉變。未來某個時候，我們將普遍接受這個事實：
任何系統只要習得一個世界的模型，持續記住該模
型的狀態，並且能夠回憶所記住的狀態，那麼它就
是有意識的。屆時，我們仍會有未能解答的問題，
但意識將不再被視為「困難的問題」，甚至將不再
被視為一個問題。

10
機器智能的未來

今天我們稱為 AI 的東西其實都沒有智能，沒有機器具有我在本書前面章節所描述的靈活建立模型的能力，但是並沒有技術原因阻止我們創造智慧型機器。我們面臨的障礙，一直是對何謂「智能」認識不足，以及不知道創造智能所需要的機制。藉由研究大腦的運作原理，我們在解決這些問題方面已經取得重大進展。在我看來，我們必將克服餘下的所有障礙，在本世紀進入機器智能的時代，很可能就是在接下來的二、三十年間。

機器智能將改變我們的生活和社會。我認為它對二十一世紀的影響，將比電腦對二十世紀的影響更大。但是，一如多數新技術，我們不可能預知這種轉變確切將如何發生。歷史經驗顯示，我們無法預料將推動機器智能發展的技術進步。想想那些推

動電腦運算技術加速發展的創新，例如積體電路、固態記憶體、蜂巢式無線通訊、公鑰密碼學，以及網際網路。在1950年，沒有人預料到這些和許多其他的技術進步。同樣地，沒有人預料到電腦將如何改變媒體、通訊和商業。我相信，我們今天對七十年後的智慧型機器會是什麼樣子和我們將如何使用，同樣無知。

雖然我們無法預知未來的細節，但千腦理論可以幫助我們確定邊界。認識大腦如何產生智能，可以告訴我們哪些事情是有可能的、哪些事情不可能，以及某程度上哪些進步是有可能的，而這正是本章想討論的問題。

智慧型機器不會像人類

思考機器智能時，最重要的是記住本書第2章討論的大腦中舊腦與新腦的重大差別。如前所述，人類大腦比較古老的部分控制生命的基本功能。舊腦創造了我們的情感、我們對生存和繁殖的欲望，以及我們與生俱來的行為。創造智慧型機器時，我們沒有理由要複製人腦的所有功能。新腦——即新皮質——是智能的器官，智慧型機器因此必須有相當於新腦的東西。至於大腦的其他部分，我們可以選擇想要和不要哪些部分。

智能是一套系統習得世界的模型的能力。不

過，由此產生的模型本身，是沒有價值觀、沒有情感，也沒有目標的。目標和價值觀，來自使用該模型的系統。且舉一個例子說明：十六世紀至二十世紀的探險家，努力繪製精確的地球地圖，冷酷無情的軍事將領，可能利用地圖來規劃包圍和屠殺敵軍的最佳方式，而商人可能使用完全一樣的地圖從事和平的貿易。地圖本身沒有規定的用途，對人類如何使用也完全沒有價值判斷。地圖就只是地圖，既沒有打算殺人，也稱不上是和平的。當然，地圖的細節和涵蓋範圍各有不同，因此有些地圖可能比較適合用在軍事上，有些則比較適合用在貿易上。但發動戰爭或從事貿易的意欲，是來自使用地圖的人。

同樣地，新皮質習得一個世界的模型，而模型本身沒有目標或價值觀。指導我們行為的情感，是舊腦決定的。如果某個人的舊腦是攻擊性的，它會利用新皮質中的模型來更好地執行攻擊行為。如果另一個人的舊腦是仁慈的，它會利用新皮質中的模型來更好地實踐仁慈的目標。一如地圖，一個人大腦裡的世界模型，可能比較適合用來追求特定的目標，但這些目標不是新皮質產生的。

智慧型機器必須有一個世界的模型和源自該模型的行為靈活性，但不需要有類似人類的生存和繁殖本能。事實上，設計一部具有類似人類情感的機器，要比設計一部只是有智能的機器困難得多，因

為舊腦包含許多器官，例如杏仁核和下視丘，而這些器官各有不同的設計和功能。為了製造一部具有類似人類情感的機器，我們將必須為它創造舊腦的不同部分。新皮質雖然比舊腦大得多，卻是由許多比較小的皮質柱構成的，一旦我們知道如何為機器創造等同皮質柱的東西，將大量的這種皮質柱置入機器以增強智能，應該是相對容易的事。

智慧型機器的設計可分為三部分：體現、相當於舊腦的部分，以及新皮質。每一部分都有很大的自由度，因此會有很多類型的智慧型機器。

1. 體現

如前所述，我們藉由運動學習。為了習得一間房子的模型，我們必須在裡面走動，逐個房間去看。為了認識一件新工具，我們必須把它拿在手裡，左右上下轉動，用眼睛和手指去看、觸摸和注意工具的不同部分。在基本層面上，習得世界的模型必須相對於世上的事物移動一個或多個感測器。

智慧型機器也需要有感測器和移動感測器的能力，這就是所謂的「體現」（embodiment）。體現可以是看起來像人、狗或蛇的機器人，也可以是非生物形式的，例如一輛汽車或一個有十條手臂的工廠機器人，甚至可以是虛擬的，例如一個探索網際網路的軟體機器人（bot）。虛擬體現的概念可能顯

得奇怪。智慧型系統必須滿足的要求，是可以執行改變感測器位置的動作，但動作和位置可以不必是物質性的。當你在網路上瀏覽時，會從一個位置移到另一個位置，你感覺到的東西會隨著你瀏覽不同的網頁改變。我們藉由移動滑鼠或觸碰螢幕做到這件事，但智慧型機器可以在不涉及物理性動作的情況下，僅利用軟體做到同樣的事。現在多數的深度學習網路沒有體現的設計，它們沒有可移動的感測器，也沒有參考框架可用來掌握感測器的位置。在沒有體現的情況下，可以習得的東西相當有限。

智慧型機器可用的感測器類型幾乎是無限的。人類的主要感官是視覺、觸覺和聽覺。蝙蝠有聲納。有些魚有感官可以發出電場。在視覺之中，有帶晶體的眼睛（例如人眼）、複眼，以及能看到紅外線或紫外線的眼睛。我們不難想像針對特定問題設計的新型感測器，例如能在倒塌的建築物中救人的機器人，或許應該有雷達感測器，以便在黑暗中看得見。

人類的視覺、觸覺和聽覺是靠感測器陣列實現的。例如，人的一隻眼睛並非單一個感測器，而是有成千上萬個感測器排列在眼睛的後方。同樣地，身體也有成千上萬個感測器排列在皮膚上。智慧型機器也將會有感測器陣列。想像一下，如果你只有一根手指可用來觸摸東西，又或者你只能透過一根

很細的吸管看世界。你仍會有能力去認識世界，但需要的時間會長得多，而且能夠執行的動作也將受限。我可以想像能力有限的簡單智慧型機器只有幾個感測器，但智能接近或超越人類的機器會有許多大型的感測器陣列，就像我們一樣。

嗅覺和味覺性質上異於視覺和觸覺。除非我們像狗一樣，把鼻子直接貼在物體表面上，否則很難準確說出氣味來自哪裡。同樣地，味覺僅限於對口中東西的感知。嗅覺和味覺有助我們確定哪些食物可以安全食用，嗅覺或許有助我們識別一個大致的區域，但我們不怎麼仰賴它們來習得世界的具體結構，這是因為我們不能輕易地將氣味和味道與具體的位置聯繫起來。但這不是這些感官的固有局限，例如一部智慧型機器的機體表面上，可以有化學感測器陣列發揮類似味覺的功能，使機器能夠像你我感知物體質地那樣「感覺」化學物。

聽覺介於兩者之間。藉由運用兩隻耳朵，利用聲音從外耳反彈的方式，我們的大腦定位聲音的能力，比定位氣味或味道好得多，但不如視覺和觸覺。

重點是：智慧型機器要習得一個世界的模型，需要可以移動的感官輸入。每一個感測器都必須有參考框架，可用來追蹤感測器相對於世上事物的位置。一部智慧型機器可以有許多不同類型的感測器，特定應用的最佳感測器取決於機器身處怎樣的

世界，以及我們希望機器能夠學到什麼。

　　在未來，我們可能會製造體現方式不尋常的機器。例如，想像一下，一種在一個細胞裡運作、致力認識蛋白質的智慧型機器。蛋白質是很長的分子，自然摺疊成複雜的形狀。蛋白質分子的形狀決定它的作用，如果我們對蛋白質的形狀有更好的認識，並且可以視需要加以處理，醫學將能大大進步。可惜我們的大腦不擅長認識蛋白質，我們無法感知蛋白質或與蛋白質直接互動，甚至蛋白質的運動速度也比我們的大腦所能處理的快得多。但是，我們或許可以創造出一種智慧型機器，能夠認識和操作蛋白質，就像你我認識和操作咖啡杯或智慧型手機那樣。這種智慧型蛋白質機器的大腦，可以放在一台常見的電腦中，但它的運動和感測器將在極小的範圍內運作，也就是在一個細胞裡。它的感測器可能偵測到氨基酸、不同類型的蛋白質摺疊，或是特定的化學鍵。它的動作可能涉及相對於蛋白質移動其感測器，就像你在咖啡杯上移動你的手指那樣。它也可能有動作刺激蛋白質改變形狀，就像你觸碰智慧型手機的螢幕改變顯示那樣。智慧型蛋白質機器可以習得細胞內部世界的模型，然後利用這個模型來實現想達成的目標，例如消除不良蛋白質和修復受損的蛋白質。

　　不尋常體現的另一個例子是分散式大腦。人類

的新皮質約有15萬個皮質柱,每一個皮質柱都為它能感知的事物建立模型。智慧型機器的「皮質柱」沒有理由必須像生物大腦那樣,在實體上彼此相鄰。想像一下,一部智慧型機器有數以百萬計的皮質柱和數以千計的感測器陣列,感測器和相關模型可以在實體上分散於地球上的不同位置、甚至可以放在海裡,或分散在太陽系的不同位置。例如,一部智慧型機器若有感測器遍布地球表面,將可以像你我認識智慧型手機的表現那樣認識全球天氣。

我不知道製造智慧型蛋白質機器是否終將可行,也不知道分散式智慧型機器會有多大的價值。我提到這些例子,是為了刺激你的想像力,也是因為它們並非不可能。關鍵是智慧型機器很可能將有許多不同的形式,當我們思考機器智能的未來及其涵義時,應該廣泛地思考,想法不應局限於目前有智能的人類和其他動物。

2. 相當於舊腦的部分

智慧型機器必須具有人類大腦較古老部分負責的一些功能。前文說過,我們創造智慧型機器時,不必複製舊腦。這大致是對的,但舊腦的一些功能是智慧型機器必須有的。

基本的運動是一個例子,如前所述,新皮質並不直接控制任何肌肉。當新皮質想做一件事時,會

向大腦中比較直接控制運動功能的舊腦部分發出訊號。例如，以雙腳保持平衡、行走、奔跑是大腦較古老部分負責的功能，你不依賴你的新皮質來平衡、行走或奔跑。這是有道理的，因為遠在我們演化出新皮質之前，動物就必須懂得行走和奔跑。如果新皮質可以思考走哪一條路來避開掠食者，我們為什麼會想要它思考我們的每一步？

但是，只能這樣嗎？我們不能製造出一種智慧型機器，由它相當於新皮質的部分直接控制運動嗎？我認為不行。新皮質執行一種近乎萬用的演算法，但這種靈活性是有代價的，必須依附已經有感測器和已經有行為的東西。它並不創造全新的行為；它學習如何以有用的新方式將既有的行為連起來。行為元素可以簡單如彎曲一根手指，也可以複雜如行走，但新皮質需要它們已經存在。舊腦的行為元素並非都是固定的，也可以經由學習改變，新皮質因此也必須不斷調整。

與機器的體現密切相關的行為應該是內建的。舉個例子：假設我們開發一款無人機，用來運送緊急物資給遇到天災的人。我們使這種無人機具有智能，懂得自行評估哪些地區最需要救助，並且能夠在運送物資時與其他無人機協調。無人機的「新皮質」，不能控制飛行的所有方面，而我們也不想它這樣。這種無人機應該有穩定飛行、降落、避開障

礙物之類的內建功能。無人機有智能的部分應該不必考慮飛行控制問題，就像你的新皮質不必考慮如何用雙腳保持平衡那樣。

　　確保安全是我們應該內建於智慧型機器的另一種功能。科幻作家以撒・艾西莫夫（Isaac Asimov）提出了著名的機器人三原則，這些原則就像一種安全協定：

1. 機器人不得傷害人類，或袖手坐視人類受到傷害。

2. 除非違背第一法則，機器人必須服從人類的命令。

3. 在不違背第一及第二法則的情況下，機器人必須保護自己。

　　艾西莫夫的機器人三原則是在科幻小說中提出的，未必適用於所有形式的機器智能，但任何產品設計都有值得考慮的安全防護設計。它們可以很簡單，例如我的汽車有一套旨在避免事故的內建安全系統。車子通常聽從我透過油門和煞車踏板傳達的命令，但如果它偵測到我即將撞上障礙物，就會忽略我的命令，煞停車子。你可以說這輛汽車遵循艾西莫夫的機器人第一和第二法則，也可以說設計車子的工程師加入了一些安全防護功能。智慧型機器也將有內建的安全防護功能。這些要求不是智慧型機器特有的，我在這裡提起這些是為了內容完整。

　　最後，智慧型機器必須有目標和動機。人類的

目標和動機相當複雜，有些是由我們的基因驅動，
例如對性、食物和住所的渴求。情緒——例如恐
懼、憤怒、嫉妒——對我們的行為方式也可能產生
重大影響。我們有些目標和動機是比較社會性的，
例如何謂成功的人生就因文化而異。

　　智慧型機器也需要目標和動機。我們不希望送
一隊營建機器人到火星，結果它們整天躺在陽光下
為電池充電。那麼，我們如何賦予智慧型機器目
標，這當中是否有風險？

　　首先，我們要記住，新皮質本身並不產生目
標、動機或情感。我在前文講過新皮質與世界地圖
的類比，地圖可以告訴我們如何從當前位置前往我
們想去的地方、如果我們做某些事會發生什麼，以
及各個地方有些什麼東西。但地圖本身沒有動機，
地圖不會渴望去某個地方，也不會自己產生目標或
野心；新皮質也是這樣。

　　新皮質積極參與動機和目標對行為的影響，但
新皮質並不領導。為了說明這種運作方式，想像一
下舊腦與新皮質對話。舊腦說：「我餓了！我想要
食物。」新皮質回應：「我尋找食物，發現附近有
兩個地方以前有食物。一個地方是沿著一條河走可
以到達，另一個地方必須穿過一片空地，那裡有老
虎出沒。」新皮質平靜、不帶價值判斷地說出這些
事，但舊腦將老虎與危險聯繫起來。一聽到「老

虎」一詞，舊腦就開始行動，釋出化學物質到血液
裡，提高你的心率，並引起我們認為與恐懼有關的
其他生理效應。舊腦還可能釋出稱為神經調節物質
的化學物質，直接進入廣泛的新皮質區域，實質上
告訴新皮質：「無論你剛才在想什麼，千萬不要那
麼做。」

　　要賦予機器目標和動機，我們必須為目標和動
機設計特定的機制，然後將它們嵌入機器的體現
中。目標可以是固定的，例如我們由基因決定的進
食欲望；目標也可以是習得的，例如社會決定的、
關於如何過好生活的目標。當然，任何目標都必須
建立在安全措施之上，而安全措施可以如艾西莫夫
的機器人第一和第二法則之類。總之，智慧型機器
需要某種形式的目標和動機，但目標和動機不是智
能產生的，也不會自己出現。

3. 相當於新皮質的部分

　　智慧型機器的第三項要素是一套通用的學習系
統，功能等同新皮質，其設計同樣可以有許多不同
的選擇。在此我將討論兩方面：速度和能力。

一 速度

　　神經元做任何有用的事至少需要5毫秒的時
間；相對之下，由矽製成的電晶體的運行速度可以
快接近一百萬倍，因此由矽製成的新皮質思考和學

習的速度，有可能比人類快一百萬倍。思考速度如此躍進可能產生什麼結果，是很難想像的。但在我們任由想像力馳騁之前，我必須指出，僅僅因為智慧型機器某部分的運行速度可以比生物大腦快一百萬倍，並不意味著整部智慧型機器的運行速度可以快一百萬倍，又或者智慧型機器能以那種速度獲得知識。

且以我們送去火星為人類建造棲息地的營建機器人為例。即使它們能夠快速思考和分析問題，但實際施工過程只能稍微加快。重型材料的移動速度不可能無限加快，否則過程中的力將導致材料彎曲和斷裂。如果機器人需要在一塊金屬上鑽一個洞，它做這件事不會比人類快。當然，營建機器人很可能可以持續工作，不會累，而且可以減少犯錯。因此，相對於人類，智慧型機器在火星建造棲息地的整個過程或許可以快幾倍，但不會是快一百萬倍。

我們來想另一個例子：如果智慧型機器做神經科學家的工作，而機器的思考速度比人類科學家快一百萬倍，那會怎樣？神經科學家花了數十年時間，才使我們對大腦的認識達到當前的水準。換成是AI神經科學家，這種進步是否可以快一百萬倍，也就是不到一小時就發生？答案是否定的。有些科學家，例如我和我的團隊，是從事理論研究工作。我們整天閱讀論文，辯論可能的理論，以及編

寫軟體。理論上，這當中有些工作換成智慧型機器來做，可以快得多。但是，我們的軟體模擬仍需要多天的時間完成。此外，我們的理論不是在與世隔絕的狀態下研究出來的；我們仰賴實驗研究發現。本書提出的大腦理論受數百個實驗室的研究結果啟發，也受這些結果束縛。即使思考速度可以加快一百萬倍，我們仍必須等待實驗研究者發表結果，而他們無法顯著加快實驗速度。例如他們還是必須訓練實驗室老鼠和蒐集數據，而訓練老鼠是完全無法加快的。利用智慧型機器替代人類研究神經科學，可以加快科學發現的速度，但同樣不是加快一百萬倍。

不過，神經科學在這方面並不獨特，幾乎所有科學研究領域都仰賴實驗數據。例如，關於空間和時間的性質，眼下有許多理論，要知道這當中是否有正確的理論，我們需要新的實驗數據。如果我們有從事宇宙學研究的智慧型機器，它們的思考速度比人類宇宙學家快一百萬倍，那麼這些機器也許能夠迅速提出新理論，但我們還是必須建造太空望遠鏡和地下粒子偵測器，蒐集必要的數據來檢驗這些理論。我們無法大幅加快太空望遠鏡和粒子偵測器的製造速度，也無法縮短它們蒐集數據所需要的時間。

有一些研究領域有望大大加快速度。數學家的工作主要是思考、寫作和分享想法；理論上，智慧

型機器研究一些數學問題，確實可以比人類數學家快一百萬倍。另一個例子是在網際網路上瀏覽資訊、稱為「網路爬蟲」的虛擬智慧型機器。智慧型網路爬蟲的學習速度，受限於它藉由追蹤連結和打開檔案的「移動」速度，而這可以是非常快的。

有關我們可以期待些什麼，現今的電腦可以給我們很好的啟示。電腦做一些我們以前靠人力完成的事，而它們做這些事的速度比人類快大約一百萬倍。電腦已經改變了我們的社會，大大增強了我們的科學和醫學發現能力，但是電腦並沒有使我們做這些事的速度加快一百萬倍。智慧型機器將對我們的社會和我們的科學發現速度產生類似的影響。

｜能力

弗農・蒙卡索認識到，我們的新皮質變大，是藉由複製皮質柱這種相同的迴路，而我們因此變得更聰明。機器智能也可以採用這種方式，一旦我們完全明白皮質柱做些什麼以及如何用矽製造等同皮質柱的東西，利用或多或少的類皮質柱來創造能力各有不同的智慧型機器，應該是相對容易的事。

人工腦可以做到多大，並沒有顯而易見的極限。一個人的新皮質約有15萬個皮質柱，如果我們製造出含有1.5億個皮質柱的人工新皮質，會發生什麼事？一個大腦比人腦大一千倍，會有什麼好處？我們還不知道，但有一些觀察值得分享。

　　新皮質區域的大小因人而異，差別可以非常
大。例如，有些人的主要視覺區域V1，可能是另
一些人的兩倍大。V1的厚度是每個人都一樣，但
面積則可能顯著有別，皮質柱的數量因此有別。V1
較小的人和V1較大的人都有正常的視力，而他們
都不會意識到這種差異，但兩者是有差別的：V1
較大的人會有較高的視覺敏銳度，也就是可以比
V1較小的人看到更小的東西。如果你是鐘錶匠，
這可能很有用。由此推斷，擴大新皮質某些區域的
面積會有一定的作用，但不會賦予你某種超能力。

　　我們也可以不要擴大新皮質各個區域，而是創
造更多區域，並以更複雜的方式連接它們。某程度
上，這正是猴子與人類的差別。猴子的視覺能力與
人類相似，但人類的整個新皮質比猴子大，也有更
多區域。多數人會同意，人類比猴子聰明，我們的
世界模型更深入和全面。由此看來，智慧型機器認
識事物的深度可以超越人類，這並不是說人類一定
無法理解智慧型機器習得的深奧知識。例如，即使
我無法發現愛因斯坦所發現的東西，還是可以理解
他的發現。

　　我們還可以用另一種方式思考能力問題：在我
們的大腦中，神經線路──使各神經元互連的軸突
和樹突──占了大部分容量，這是十分耗費能量和
空間的。為了節約能量，大腦被迫限制神經線路，

因此限制了可以輕鬆學到的東西。我們出生時，我們的新皮質有過多的線路。在生命的最初幾年裡，神經線路會顯著減少。據推測，大腦是根據兒童的早期生活經驗，判斷哪些神經連結有用和哪些無用。不過，移除未用的線路有一個缺點：它使當事人日後難以習得新類型的知識。例如，如果孩子在生命早期沒有接觸多種語言，掌握多種語言的能力就會減弱。同樣地，孩子在生命早期如果眼睛沒有正常運作，將永久失去視力，即使眼睛後來得到修復。這很可能是因為掌握多種語言和視覺倚賴的一些神經連結，因為早年沒有使用而被移除了。

智慧型機器在線路方面就不受這種限制。例如，在我的團隊創造的新皮質軟體模型中，我們可以在任何兩組神經元之間立即建立連結。軟體容許所有可能的連結形成，這與大腦中的物質性線路不同。這種連結靈活性可能是機器智能相對於生物智能的最大優勢之一，消除了成年人類學習新東西的最大障礙之一，使智慧型機器得以保留所有選項。

學習 vs. 複製

機器智能與人類智能不同的另一點是：智慧型機器可以複製。每一個人都必須從頭開始，藉由學習建立世界的模型。我們出生時幾乎一無所知，然後花數十年時間學習。我們到學校學習、藉由閱讀

學習，當然也從自己的經歷中學習。智慧型機器也必須習得一個世界的模型，但與人類不同的是，我們隨時都可以複製智慧型機器，創造出一個複製品。想像一下，我們的智慧型火星營建機器人有標準化的硬體設計，我們可能會有相當於學校的安排訓練機器人，使它認識建築方法、材料和工具使用方式。這種訓練可能需要數年時間才能完成，一旦我們滿意機器人的能力，就可以將它習得的東西轉移到十幾個硬體相同的機器人，藉此複製營建機器人。如果有了更好的機器人設計，或是機器人掌握了全新的技能，我們可以立即重編程式，更新這些機器人。

機器智能的未來應用是未知的

我們創造出一種新技術時，會想像它將被用來取代或改進我們熟悉的某些東西。隨著時間推移，會出現沒人預料到的新用途，而且往往正是最重要的用途，會改變社會。例如，人類發明網際網路，是為了方便科學家和軍方利用電腦分享檔案。這種事以前靠人手完成，利用網際網路可以更快、更有效地完成。網際網路現在仍被用來分享檔案，但更重要的是，它根本性地改變了娛樂、商務、製造業和個人通訊的面貌，甚至改變了我們寫作和閱讀的方式。網際網路協定面世時，沒什麼人想像到這些

社會轉變。

機器智能也將經歷類似的轉變。現在，多數AI科學家致力設法使機器學會做人類能做的事，例如識別口語、歸類圖片，以及駕駛汽車。AI的目標是模仿人類，這種觀念體現在著名的「圖靈測試」上。它最初是艾倫·圖靈提出的「模仿遊戲」：如果一個人無法分辨他是在與電腦還是人類對話，那麼電腦就應該被視為有智能。不幸的是，這種將類似人類的能力當成智能衡量標準的做法，至今是弊大於利。我們對電腦能下圍棋這種事興奮不已，結果是我們因此分心，無法想像智慧型機器的終極影響。

當然，我們將利用智慧型機器做現在人類做的事，包括危險和不健康的工作，它們對人類來說可能太冒險了，例如深海維修或清理有毒洩漏物之類的工作。我們還將使用智慧型機器做那些人力不足的事，可能包括老人照護工作。有些人會希望利用智慧型機器取代高薪勞工，或代替人類上戰場。這種應用可能製造出難題，我們將必須努力尋找適當的解決方案。

但是，關於機器智能預料之外的應用，我們能說什麼呢？雖然沒有人能預知未來的細節，但我們可以試著找出可能驅動AI意外應用的大概念和大趨勢。當中我認為令人興奮的一個是科學知識之獲取。人類想要學習；我們被吸引去探索，去尋找知

識，去認識未知的東西。我們想要解開宇宙之謎：
它是如何開始的？它將如何結束？生命在宇宙中常
見嗎？是否還有其他智能生命？人類能尋求這種知
識，有賴新皮質這個器官。未來，如果智慧型機器
能比我們想得更快、更深入，能感知我們無法感知
的東西，能去我們無法前往的地方，誰知道我們能
學到什麼呢。這種可能性使我興奮不已。

　　不過，並非所有人都像我這樣，對機器智能可
以產生的好處如此樂觀。有些人認為它是對人類最
大的威脅，我將在下一章討論機器智能的風險。

11

機器智能的存在風險

在二十一世紀初，人們認為人工智慧這個領域是失敗的。我們創立 Numenta 時做過市場調查，藉此了解該用哪些關鍵詞來談我們的工作。我們發現，幾乎所有人都對「AI」和「人工智慧」這兩個詞持否定態度。沒有公司會考慮使用它們描述自己的產品，人們普遍認為，創造智慧型機器的努力已陷入停滯，可能永遠不會成功。然後不到十年，人們對 AI 的印象完全改變了，如今它是最熱門的研究領域之一，企業將 AI 一詞用在幾乎所有涉及機器學習的東西上。

更令人驚訝的是，科技「權威人士」如此迅速地從聲稱「AI 可能永遠不會成功」，轉為高談「AI 很可能在不久的將來毀滅所有人類。」有心人已經成立了一些非營利機構和智庫來研究 AI 造成的存在

風險（existential risks），而許多知名的技術專家、科學家和哲學家都公開警告，聲稱智慧型機器面世可能迅速導致人類滅絕或被征服。許多人如今視人工智慧為人類面臨的一項存在威脅（existential threat）。

　　每一項新技術都可能被濫用，並因此造成傷害。即使是現在有限的AI，也被用來追蹤民眾、影響選舉，以及散播宣傳資料。我們擁有真正的智慧型機器時，諸如此類的濫用將會變得更嚴重。例如，自主運作的智慧型武器就是一種可怕的構想。想像一下，智慧型無人機不是用來運送藥品和食物，而是用來運送武器。因為智慧型武器可以在無人監督的情況下行動，它們可以數以萬計地部署。我們必須正視這些威脅，並制定政策防止不良後果。

　　壞人會試圖利用智慧型機器剝奪人們的自由和威脅人們的生命，但一個人利用智慧型機器做壞事，通常不大可能導致全人類滅絕。另一方面，擔憂AI的存在風險，性質上是不同的。壞人利用智慧型機器做壞事是一回事；智慧型機器本身是惡意的行為者，並自行決定消滅人類，是另一回事。我將集中討論後一種可能，也就是討論AI的存在威脅，但我這麼做並非有意貶低有心人濫用AI的重大風險。

　　人們感覺到機器智能的存在風險，主要是基於兩方面的擔憂。第一種擔憂被稱為「智能爆發」

（intelligence explosion），故事是這樣的：我們創造
出比人類更聰明的機器，這些機器在幾乎所有方面
都比人類強，包括比人類更懂得創造智慧型機器。
我們任由智慧型機器創造出新的智慧型機器，後者
又創造出更聰明的智慧型機器。智慧型機器世代進
化的速度越來越快，因此用不了多久，機器智能就
遠遠拋離人類，以至我們甚至無法理解它們在做什
麼。此時機器就可能決定消滅人類，因為它們不再
需要我們（結果是人類滅絕）；機器也可能決定容
忍我們，因為我們對他們還是有用（結果是人類被
征服。）

　　第二個存在風險被稱為「目標錯位」（goal mis-
alignment），是指智慧型機器追求的目標與人類的福
祉背道而馳，但我們無法阻止。技術專家和哲學家
提出了這種情況發生的幾種可能方式。例如，智慧
型機器可能自發擬定自己的目標，而這些目標對人
類有害。又或者它們追求我們分配給它們的目標，
但執行方式不顧一切，結果消耗了地球上所有的資
源，導致地球不再適合人類居住。

　　所有這些風險情境的基本假設，都是我們無法
再控制我們所創造的東西。智慧型機器使我們無法
關閉它們，也無法用其他方式阻止它們追求自己的
目標。有些情境假設智慧型機器會自我複製，創造
出數以百萬計的複製品，有些情境則假設某部智慧

型機器變得無所不能。無論是哪一種情況，都是我們對抗它們，而機器比我們更聰明。

我看到人們闡述這些擔憂時，覺得相關論點是在完全不了解智能是什麼的情況下提出的。它們像是離譜的揣測，基於一些錯誤的觀念，既不明白技術上的可能性，也不認識智能的涵義。接下來將根據我們對大腦和生物智能的認識，檢視這些擔憂。

智能爆發的威脅

智能需要有一個世界的模型。我們利用我們的世界模型來識別我們的位置和規劃行動。我們利用我們的模型來識別物體、加以操作，以及預測我們的行動的後果。我們想完成某件事時，無論這件事是像煮一壺咖啡那麼簡單，還是像推翻一項法律那麼複雜，我們都利用我們大腦裡的模型來決定應該採取哪些行動以達到期望的結果。

除了少數例外，掌握新知識和新技能，需要與世界實質互動。例如，人類近年發現其他恆星系統中的一些星球，這有賴先建造一種新型望遠鏡，然後花數年時間蒐集數據。沒有一個大腦，無論它有多大或運作得多快，可以光靠思考就知道太陽系以外有些什麼行星和它們由什麼構成。所有發現都有一個觀察階段，不可能跳過。學習駕駛直升機，需要了解機師行為的微妙變化如何導致飛行的微妙變

化。認識這些感覺運動關係的唯一方法是練習。也許機器可以在模擬器上練習，理論上這可能比藉由駕駛真實的直升機學習來得快，但還是需要時間。經營一家製造電腦晶片的工廠需要多年的實踐。你可以閱讀一本關於晶片製造的書，但實務專家已經藉由學習，掌握了製造過程中可能出錯的微妙方式和處理這些問題的方法，這種經驗是無可替代的。

智能不是可以寫進軟體程式裡的東西，也不能作為一份規則與事實的清單列出來。我們可以賦予機器習得一個世界模型的能力，但構成該模型的知識還是必須經由學習獲得，而學習需要時間。正如我在上一章所講的，雖然我們可以製造出運行速度比生物大腦快一百萬倍的智慧型機器，但它們獲取新知識的速度不可能快一百萬倍。

無論大腦有多快或多大，掌握新知識和技能還是需要時間。在某些領域，例如數學，智慧型機器的學習速度可以比人類快得多。但是，在多數領域，學習的速度因為必須與世界實質互動而受限。因此，智能爆發以至機器掌握的知識突然遠遠拋離人類，是不可能發生的。

智能爆發論者有時會談論「超人智能」（super-human intelligence），也就是機器在每一方面都比人類更聰明和能幹。想想這意味著什麼？具有超人智能的機器，可以熟練地駕駛所有類型的飛機，操

作所有類型的機器，用每一種程式語言編寫軟體。
它能說每一種語言，知道世界上每一種文化的歷
史，認識每一座城市的建築。但全體人類掌握的知
識和技能實在太多了，不可能有機器可以在每一方
面都超越人類。

　　超人智能之所以不可能，也是因為我們對世界
的認識不時改變和增加。例如，想像一下，一些科
學家發現了一種新的量子通訊技術，即使相隔極遠
也可以即時傳送資料。起初，只有發現這種技術的
人知道。如果這項發現是基於實驗結果，那麼沒有
人可以光靠思考就想出來──也沒有機器做得到，
無論它有多聰明。除非你假設機器已經取代了世上
所有科學家，以及每一個領域的所有人類專家，否
則總會有人類比機器更懂某些事。這就是我們今天
所處的世界，沒有人無所不知。這並不是因為沒有
人有那麼聰明，而是因為沒有一個人可以無所不在
和做盡所有事。智慧型機器也是這樣。

　　注意，目前 AI 技術的成就，多數是在處理靜
態問題上；這些問題不隨時間變化，處理它們不需
要持續學習。例如，圍棋的規則是固定的，我的計
算機所執行的數學運算也不會改變，甚至標記圖像
的系統也是利用一組固定的標籤來訓練和測試的。
針對諸如此類的靜態任務，專門的解決方案不但可
以超越人類，還可以無限期超越人類。但是，世上

多數事物都不是固定的，我們需要執行的任務也是不斷在變。在這樣的世界裡，沒有人或機器能在任何一項任務上擁有永久的優勢，遑論所有任務。

擔心智能爆發的人，把智能說得像是可以利用一種尚未發現的配方或祕密成分來創造，一旦發現了這種祕密成分，就可以越來越大量地加以利用，最終創造出具有超人智能的機器。我同意第一點。我們可以這麼說：祕密就是智能由關於世界的大量小模型創造出來的，每一個模型都利用參考框架儲存知識和創造行為。但是，將這種祕密成分添加到機器中，並不能立即賦予機器任何能力，只是提供了一種學習的基質，賦予機器習得世界模型的能力，進而得以掌握知識和技能。在廚房的爐具上，你可以轉動一個旋鈕來增加熱能；就機器而言，我們沒有旋鈕可用來增加機器的知識。

目標錯位的威脅

目標錯位的威脅之所以出現，據稱是因為智慧型機器追求某個對人類有害的目標，而我們無法阻止，它有時被稱為「魔法師的學徒」問題。在歌德的那個故事中，魔法師的學徒對掃帚施了魔法，讓它去打水，接著就發現他不知道如何使掃帚停止打水。他試著拿斧頭砍斷掃帚，結果出現了更多掃帚，每一把都不停打水。目標錯位論者擔憂，智慧

型機器可能出現類似的問題：它遵循我們的某項要求，但當我們要求它停止做那件事時，卻認為這是在妨礙它完成第一項要求，不惜一切代價追求達成第一個目標。人們討論目標錯位問題時經常提到的一個例子，是我們要求機器最大限度地生產迴紋針。一旦機器開始追求完成這項任務，就沒有什麼可以阻止了，結果機器把地球上所有的資源都變成了迴紋針。

目標錯位威脅真的要出現，有賴兩件不大可能發生的事：其一是智慧型機器接受了我們的第一項要求，但忽視我們隨後的請求；其二是智慧型機器能夠徵用足夠的資源，使所有人類阻止它的努力都徒勞無功。

正如我已多次指出，智能是習得一個世界模型的能力。這個世界模型就像一幅地圖，可以告訴你如何達成某些目標，但它本身是沒有目標或欲望的。我們作為智慧型機器的設計者，必須特地努力賦予機器動機。為什麼我們會想設計一種接受我們的第一項要求但忽視隨後所有其他要求的機器？你會設計一種自動駕駛汽車，在你告訴它你想去哪裡之後，它便不再理會你的任何其他要求，不可以停下來、也不可以去其他地方嗎？此外，如果真有這樣一種汽車，那我們就是把它設計成會鎖死所有的門，並且使方向盤、煞車踏板、電源按鈕都失靈，

以阻止人類控制車子。但請注意，自動駕駛汽車是不會自行制定目標的。當然，有心人可以設計一輛追求自己的目標並忽視人類要求的汽車，而這種汽車可能造成傷害。但是，即使真的有人設計了這樣的機器，它還是必須符合第二項條件，才有可能威脅到人類的存在。

目標錯位威脅發生的第二項條件，就是智慧型機器可以徵用地球資源來追求達成它的目標，或是以某些方式阻止我們阻止它。很難想像這可以如何發生。要做到這件事，機器必須控制世界上絕大多數的通訊、生產和運輸活動。一輛無賴的智慧型汽車顯然不可能做到這件事。智慧型機器阻止我們阻止它的一種可能是訴諸勒索，例如如果我們任由一部智慧型機器控制核武器，這部機器可能會說：「如果你試圖阻止我，我就炸毀一切。」又或者如果一部機器控制了大部分的網際網路，它可以揚言藉由擾亂通訊和商務，造成各種破壞。

我們對人類也有類似的擔憂。這正是為什麼沒有單一個人或實體可以控制整個網際網路，以及為什麼發射核彈這種事需要多個人才可以完成。智慧型機器不會制定出不利於人類的目標，除非我們格外努力賦予它們這種能力。而即使它們這麼做了，除非我們容許，沒有機器可以徵用世界的資源。我們不容許單一個人或少數人控制世界的資源，我們

對機器也要有類似的防範。

反駁論點

　　我深信智慧型機器不會對人類構成存在威脅，不同意者有個常見的反駁論點是這樣的：縱觀歷史，各地的原住民也有類似的安全感，一旦外來者帶著比較先進的武器和技術出現後，原住民就被征服和毀滅了。擔心智慧型機器危及人類的人認為，我們就像歷史上各地的原住民那麼脆弱，因此不可以相信自己的安全感。我們無法想像，相對於人類，機器會有多聰明、多快、多能幹，我們因此很脆弱。

　　這種說法有一定的道理。有些智慧型機器將比人類更聰明、更快、更能幹，但問題的關鍵又回到動機上。智慧型機器會想接管地球、征服人類，或做任何可能傷害我們的事嗎？對本土文化的破壞源於入侵者的動機，包括貪婪、名望，以及對統治地位的渴望，而這些都是舊腦的欲望。優越的技術幫助了入侵者，但它不是大屠殺的根本原因。

　　再說一次：智慧型機器不會有類似人類的情感和欲望，除非我們特地賦予它們這些東西。欲望、目標和攻擊性，不會因為某樣東西有了智能就神奇出現。為了支持我的觀點，我想提醒大家：原住民最大的人命損失，不是由人類入侵者直接造成的，而

是由入侵者帶來的細菌和病毒造成的，因為原住民對這些致病原沒有抵抗力或抵抗力太差。真正的殺手是渴望繁殖但沒有先進技術的簡單生物。智能有不在場證明：在大部分的種族滅絕中，它並不在場。

我相信，自我複製對人類的威脅，遠遠大於機器智能。如果有個壞人想創造一些東西來殺死所有人類，比較可靠的方法是設計新的病毒和細菌，使它們具有很強的傳染力，而且可以打敗人類的免疫系統。理論上，一個無賴的科學家和工程師團隊，有可能設計出想要自我複製的智慧型機器。這些機器還需要能夠在不受人類干擾的情況下自我複製。這些事看來極不可能發生，即使發生，沒有一件會迅速發生。重點是：任何能夠自我複製的東西，尤其是病毒和細菌，都可能威脅到人類的存在，而智能本身不是這種東西。

我們無法預知未來，因此無法預料與機器智能有關的所有風險，一如我們無法預料任何其他新技術的所有風險。但是，隨著我們向前走和辯論機器智能的風險與效益，我建議大家分清「複製」、「動機」、「智能」這三者。

- **複製**：任何能夠自我複製的東西都是危險的。人類可能被一種生物病毒滅絕。網際網路可能被一種電腦病毒癱瘓。智慧型機器不會有自我

複製的能力或欲望，除非人類特地設法使它們
具有這種能力和欲望。

- **動機**：生物的動機和欲望是演化的結果。演化
  發現，具有某些欲望的動物比其他動物有更強
  的複製能力。沒有在複製或演化的機器，不會突
  然產生某種欲望，例如支配或奴役人類的欲望。

- **智能**：在這三者之中，智能是最良性的。智慧
  型機器不會自行開始自我複製，也不會自發性
  地產生欲望和動機。我們將必須在設計上格外
  努力，才能使智慧型機器具有我們希望它們具
  有的動機。但是，除非智慧型機器自我複製和
  演化，它們本身不會危及人類的存在。

不過，我不想給大家留下機器智能並不危險的
印象。一如任何強大的技術，如果有人不懷好意地
使用，機器智能可能造成巨大的傷害。你只需要想
想，數以百萬計的智慧型自主武器投入使用，或智
慧型機器被用於宣傳和政治控制，會有什麼後果？
我們應該如何處理這種問題？是否應該禁止人工智
慧的研發？那會很困難，而且可能違背我們的最佳
利益，因為機器智能將可大大造福社會，一如我將
在本書下一部論述的，它對人類的長期生存可能是
必要的。目前看來，我們最好的選擇是努力達成可
執行的國際協議，釐清什麼可接受和什麼不可接

受，一如我們對待化學武器那樣。

機器智能常被比作瓶中的精靈，一旦放出來就無法關回去，而且我們很快就會失去控制的能力。我希望本章已經說明了這些擔憂是沒有根據的，我們不會失去控制能力，而且沒有事情會像智能爆發論者擔心的那樣迅速發生。如果我們現在就開始，我們會有足夠的時間釐清風險與效益，然後決定我們想要如何前進。

接下來，在本書的最後一部，我將探討人類智能的存在風險和機會。

第三部

人類智能

我們正處於地球歷史上的一個轉折點，這是地球及其生物都經歷快速和戲劇性變化的一段時期。氣候變遷正迅速發生，結果是未來一百年內，很可能將有一些城市變得不適合人類居住，各地都將有大片農田變得貧瘠。物種正以很快的速度滅絕，一些科學家因此稱之為地球歷史上的第六次大滅絕，而人類的智能是這些快速變化發生的原因。

　　約35億年前，地球上出現了生物。從一開始，生命的進程就受基因和演化支配。演化是沒有計畫的，也沒有期望的方向。物種的演化和滅絕，是基於留下後代、傳承基因的能力。生命由競爭的生存和繁殖驅動，其他的都不重要。

　　我們的智能使我們這個物種——智人——得以壯大和成功。短短數百年間——以地質時間而言，幾乎只是一瞬間——我們的預期壽命增加了一倍，治好了許多疾病，並且使絕大多數的人免於挨餓。相對於我們的祖先，我們活得更健康、更舒適、更少勞累。

　　人類有智能已有數十萬年的歷史，為什麼我們的境況會突然改變？人類歷史的近期變化，是我們的技術和科學發現迅速增加，我們因此得以大量生產糧食、消除疾病，以及將貨物運送到最需要的地方。

　　但我們在成功之餘，也製造出問題。我們的人口已經從兩百年前的10億，大增至今天的近80

億。因為人實在太多，我們正在汙染地球的每一處。現在很明顯的是，我們對生態的影響非常嚴重，至少將導致數億人流離失所，在最壞的情況下甚至將使地球不再宜居。而且，氣候不是我們唯一需要擔心的問題：我們的一些技術，例如核武器和基因編輯，可能使少數人有辦法殺死數十億人。

我們的智能是我們成功的源泉，但也已經變成一種存在威脅。我們在接下來一段時間裡的作為，將決定我們的突然崛起將導致突然的崩潰，又或者我們度過這個快速變化時期之後，將走上永續發展的路。這些就是我將在本書餘下章節討論的主題。

首先，我將檢視與我們的智能和大腦結構有關的固有風險。在此基礎上，我將討論我們可以做些什麼，來提高我們的長期生存機會。我將討論既有的倡議和建議，根據大腦理論檢視它們。我還將討論我認為重要，但據我所知仍未進入主流話語的新想法。

我想做的，不是開出藥方告訴大家應該怎麼做，而是鼓勵大家討論我認為還沒有得到充分討論的問題。我們對大腦的新認識，使我們得以重新審視我們眼前的風險和機會。我提出的某些論點可能引起爭議，但這不是我的目的。我想做的是：誠實、公正地評估我們的處境，探討我們可以做些什麼。

12
錯誤的信念

我和我的一些朋友在十幾歲的時候，對「缸中之腦假說」（brain-in-a-vat hypothesis）非常著迷——人類的大腦是否可能分離出來放在一個缸子裡，以營養液維持生命，而其輸入和輸出都連接一台電腦？「缸中之腦假說」提出了這種可能：我們認為自己活在其中的世界，不是真實的世界，而是一個由電腦模擬出來的虛假世界。雖然我不相信我們的大腦與電腦相連，但實際發生的事幾乎同樣奇怪：我們認為自己活在其中的世界，不是真實的世界，而是對真實世界的模擬。這就導致一個問題：我們所相信的，往往並不正確。

你的大腦是在頭骨這個盒子裡。大腦本身沒有感測器，構成大腦的神經元因此處於黑暗中，與外面的世界隔絕。大腦認識現實的唯一途徑，是利用

進入頭骨的感覺神經纖維。來自眼睛、耳朵和皮膚的神經纖維看起來是一樣的,沿著它們傳送的棘波也是一樣的。沒有光或聲音進入頭骨,只有電棘波。

大腦也有神經纖維連接肌肉,而肌肉可以移動身體及其感測器,從而改變大腦所感知的事物。藉由反復的感知和移動,大腦認識世界的不同部分,習得頭骨外面世界的模型。

再提醒大家一次:並沒有光、聲音或觸覺進入大腦。構成人類心智體驗的知覺,從寵物毛茸茸的觸感、朋友的歎息,以至秋天落葉的顏色,都不是來自感覺神經。感覺神經只傳送棘波,而由於我們不能感知棘波,我們所感知的一切都必須在大腦中製造出來。即使是最基本的視覺、聽覺和觸覺,也都是大腦的產物;它們只存在於大腦的世界模型中。

你可能會反對這種說法。畢竟,棘波輸入不就是代表光和聲音嗎?算是吧。宇宙中有一些東西,例如電磁輻射和氣態分子的壓縮波,是我們能感知到的。我們的感覺器官將它們轉化為神經棘波,然後神經棘波再轉化為我們對光和聲音的知覺。但感覺器官並不能感知一切,例如在真實的世界裡,光的頻率範圍很廣,但我們的眼睛只對範圍內的一小部分有感覺。同樣地,我們的耳朵能夠聽到的聲音,僅限於一個很窄的音頻頻率範圍。因此,我們對光和聲音的知覺,僅代表真實世界所發生的部分

情況。如果我們能夠感知所有頻率的電磁輻射，將能看到無線電廣播和雷達，並會有X光視覺（透視眼）。因為感測器不同，同一個世界會衍生不同的感知體驗。

這裡有兩個重點：大腦只知道真實世界的一部分；我們感知到的是我們的世界模型，不是世界本身。我將在本章探討這如何導致我們產生錯誤的信念，以及我們可以如何因應這種情況。

我們活在模擬的世界裡

無論何時，大腦裡有些神經元是活躍的，有些則不是。活躍的神經元代表我們當下正在思考和感知的東西，重要的是，這些思想和感知是相對於大腦的世界模型，而不是相對於頭骨外面的物質世界。因此，我們感知到的世界，是對真實世界的模擬。

我知道，幾乎所有人都不覺得自己活在模擬的世界裡；我們覺得自己是直接看著這個世界，觸摸它、聞它、感受它。例如，人們普遍覺得，眼睛就像照相機：大腦從眼睛接收到圖像，圖像就是我們所看到的。雖然這麼想很自然，但事實並非如此。我在本書前面章節解釋過，我們的視覺感知是穩定和均勻的，即使來自眼睛的輸入是扭曲和變動的。事實是，我們感知到的是我們的世界模型，而不是世界本身或進入頭骨的那些快速變化的棘波。一天

之中，我們的大腦接收的感官輸入觸動我們的世界模型的適當部分，但我們感知到的是那個世界模型，我們認為正在發生什麼也是基於那個模型。我們的處境類似「缸中之腦假說」描述的情況：我們活在模擬的世界裡，但不是在電腦裡，而是在我們的頭腦裡。

這個概念非常反直覺，值得舉幾個例子來說明，就從對位置的感知說起。反應指尖所受壓力的神經纖維，並不傳達任何有關手指位置的資料，無論手指是觸碰你前面的東西還是你身旁的東西，指尖神經纖維的反應都是一樣的，但你卻感知到觸覺發生在相對於你身體的某個位置。由於這似乎太自然了，你很可能從未問過它是如何發生的；如前所述，答案是大腦裡有皮質柱代表你身體的每一部分。在這些皮質柱裡，有神經元代表那個身體部位的位置，你能感知到你手指的位置，是因為代表手指位置的細胞神經元告訴你。

但是，這個模型可能出錯。例如，剛失去一臂或一腿的人，往往覺得失去的肢體還在那裡。當事人大腦的模型，還含有剛失去的肢體和它所在的位置，因此即使肢體不再存在，當事人仍然感知得到，覺得它仍然連著身體，這就是所謂的「幻肢」。幻肢可以「移動」到不同的位置：截肢者可能說他失去的手臂在身邊，或他失去的腿是彎曲或

伸直的。他可以感覺到幻肢某個位置的感覺，例如
癢或痛。這些感覺「在那裡」，也就是在截肢者感
知到的幻肢位置，但實際上那裡什麼都沒有了。大
腦的模型仍包含已失去的肢體，因此無論對錯，截
肢者感知到實際上已不存在的肢體。

　　有些人則遇到相反的問題：他們的肢體正常，
但總覺得有一條手臂或一條腿不是自己的。因為感
覺很不自在，他們可能會想截肢。他們覺得身上肢
體不屬於自己的原因不得而知，但這種錯誤的認知
無疑源於他們的世界模型沒有正常代表那條肢體。
如果在你的大腦中，你身體的模型沒有左腿，你就
會覺得那條腿不是你身體的一部分。這就像有人把
一個咖啡杯黏在你的肘部，你會希望盡快移除。

　　但即使一個人完全正常，對自己身體的感知也
可能會被愚弄。「橡膠手錯覺」（rubber hand illusion）
是一種派對遊戲，受試者可以看到一隻橡膠手，而
他的一隻真手被遮掩起來。然後，有人以同樣的方
式觸摸那隻橡膠手和真手，這導致受試者開始覺
得，那隻橡膠手實際上是他身體的一部分。

　　這些例子告訴我們，我們的世界模型可能出
錯。我們可能感知到不存在的東西（例如幻肢），
也可能對確實存在的東西有錯誤的感知（例如覺得
正常的肢體不屬於自己，或覺得橡膠手是自己身體
的一部分。）這些都是大腦的模型顯然出錯的例

子，而這些錯誤是有害的，例如幻肢痛可能令人虛
弱。不過，大腦的模型與大腦接收的輸入不一致的
情況並不罕見，而這種情況多數是有用的。

　　下列圖像是愛德華・艾德森（Edward Adelson）
創作的，有力說明了大腦的世界模型（你感知到的
東西）與你接收的感官輸入的差異。圖中標記為A
的方格，看起來顯然比標記為B的方格暗。但是，
方格A與方格B其實完全一樣。你可能會說：「不
可能！A肯定比B暗。」但你錯了。驗證A與B是
否一樣的最好方法，就是遮住圖像的所有其他部
分，只留下這兩個方格可以看見，然後你就會看到
A與B的陰影完全相同。為了幫助你驗證，我展示
了主圖像的兩個片段：在條狀圖中，兩個方格的差
別變得沒那麼明顯，而在只看到兩個單一方格的情
況下，差異完全消失了。

　　將這種情況稱為「錯覺」是暗示大腦被騙了，
但事實恰恰相反。你的大腦正確感知到一個棋盤，

沒有被陰影騙了。棋盤圖案就是棋盤圖案，無論上面是否有陰影。大腦的模型說，棋盤圖案是深淺方格交替出現的圖案，而你感知到的正是這樣，雖然在這個例子中，來自「深色」方格 A 與「淺色」方格 B 的光是一樣的。

我們大腦中的世界模型通常是準確的，通常能夠捕捉到現實的結構，不受我們當前的觀點和其他有矛盾的資料影響，例如不受棋盤上的陰影影響。但是，大腦的世界模型也可能是完全錯誤的。

錯誤的信念

大腦裡的模型認為物質世界裡不存在的某些東西確實存在，當事人就有了錯誤的信念。再想想幻肢這個例子。之所以會有幻肢，是因為新皮質裡的皮質柱仍有已失去肢體的模型，這些皮質柱裡有神經元代表已失去肢體相對於身體的位置。肢體剛被切除之後，這些皮質柱還在那裡，它們仍有那條肢體的模型。當事人因此認為那條肢體仍在身上，雖然它已不存在於物質世界裡。幻肢就是錯誤信念的一個例子。（隨著大腦調整它的身體模型，幻肢知覺通常會在幾個月內消失，但這種錯覺在某些人身上可能持續數年之久。）

現在來看模型出錯的另一個例子：有些人認為地球是平的。幾萬年來，每一個人的經歷都與地平

論一致。因為地球的曲率很小，一般人終其一生都不可能發現。現實中有一些與地平論衝突的微妙現象，例如船身早於桅杆消失於地平線上，但即使你視力極佳，也不容易看清這種情況。地平論模型不但符合我們的感覺，還是一個對我們在世界裡行動很有幫助的好模型。例如，今天我必須從辦公室走到圖書館去還一本書，利用地平模型來規劃我前往圖書館的行程，效果很好；我在城裡走動，不必考慮地球曲率。就日常生活而言，地平模型是個非常好的模型，又或者至少直到不久前是這樣的。現在，如果你是太空人或船長，或甚至只是經常跨國旅行的人，相信地平論可能產生嚴重和致命的後果。不過，如果你不是長途旅行者，地平模型在日常生活中還是很有用。

　　為什麼有些人仍相信地球是平的？面對違反地平論的感官輸入，例如看到從太空拍攝的地球照片，或聽到穿越南極的探險家的敘述，地平論者如何堅持他們的地平模型？

　　如前所述，新皮質不斷作出預測。藉由作預測，大腦檢驗其世界模型是否正確；預測不正確，意味著模型有問題，需要加以修正。預測出錯引起新皮質的一陣活動，將我們的注意力引向大腦錯誤預測的輸入，而新皮質藉此重新認識了模型的相關部分。這最終導致大腦修正模型，以便比較準確地

反映世界。修正模型是新皮質內建的功能，其運作通常是可靠的。

要堅持一個錯誤的模型，例如堅持地平論，你必須否定那些與你的模型衝突的證據。地平論者表示，凡是他們不能直接感知的證據，他們都不相信：所以，照片可能是假的；探險家的敘述可能是捏造的；1960年代人類登上月球可能只是好萊塢製造出來的假象。如果你只相信你可以直接體驗的東西，而你又不是太空人，那麼你將會相信地平論。對堅持錯誤的模型有幫助的另一件事，就是泡在同溫層裡，幾乎只與那些有相同錯誤信念的人往來，以便你接收的輸入幾乎一定符合你的模型。過去要這麼做，你必須真的把自己隔絕在信念相同者的圈子裡，但現在你只需要在網路上選擇性接收資訊，就可以達到類似效果。

想想氣候變遷。壓倒性的證據顯示，人類的活動正導致地球氣候出現大規模的變化。這些變化如果不加以抑制，可能導致數十億人死亡或流離失所。關於我們應該如何應對氣候變遷，有些辯論是合理的，但許多人根本否認有氣候變遷問題。他們的世界模型告訴他們，氣候沒有在改變，又或者即使氣候在改變，也沒什麼好擔心的。

面對大量的物理證據，氣候變遷否認者如何堅持他們的錯誤信念？就像地平論者，他們不相信大

多數其他人，只相信親自觀察到的或同道者告訴他們的東西。如果他們看不到氣候的變化，就不相信有氣候變遷這回事。證據顯示，氣候變遷否認者如果親身經歷了極端天氣事件或海平面上升導致的水災，很可能就會轉為相信有氣候變遷這回事。

如果你只倚賴自己的親身經歷，你有可能過著相當正常的生活，同時相信地球是平的，人類登月是假的，人類的活動沒有改變全球氣候，物種沒有演化，疫苗導致疾病，以及大規模槍擊事件是假的。

病毒型世界模型

有些世界模型是病毒型的，導致當事人（宿主）的大腦產生某些行為，將該模型傳播給其他大腦。幻肢模型不是病毒型的；它是個不正確的模型，但隔絕在一個大腦裡。地平論模型也不是病毒型的，因為要堅持該模型，你必須只相信你的親身經驗。相信地球是平的，不會導致你產生將該信念傳播給其他人的行為方式。

病毒型世界模型規定了一些行為，使得該模型像病毒那樣傳播，「感染」越來越多大腦。例如，我的世界模型包含「每個孩子都應該獲得良好教育」這個信念，如果這種教育包括教導孩子們普及教育的理念，這將無可避免地導致越來越多人相信，每個孩子都應該得到良好的教育。我的世界模

型——至少是關於普及兒童教育的那一部分——
是病毒型的，隨著時間推移，它將傳播給越來越多
人。但它是正確的嗎？這就很難說了。我關於人類
應該怎麼做的模型不是物理性的，不是像肢體是否
存在或地球是不是平的那種問題。有些人的模型認
為，只有一些孩子值得接受良好的教育。他們的模
型包括教導他們的孩子這種觀念，使他們相信只有
他們，以及像他們那樣的人，才值得接受良好的教
育。這種選擇性教育模型也是病毒型的，甚至可說
是更有利於傳播基因的模型。例如，獲得良好教育
的人，通常享有更好的財務和醫療資源，因此比未
獲得良好教育的人有更好的機會把自己的基因傳承
下去。從達爾文的角度來看，只要那些未獲得良好
教育的人不造反，選擇性教育就是一種好策略。

錯誤的病毒型世界模型

現在，我們來看最麻煩的一種世界模型，也就
是那種顯然錯誤的病毒型模型。例如，假設有一本
歷史書，內容含有許多事實錯誤。這本書一開頭就
對讀者提出一系列的指示，第一條指示這麼說：「本
書所有內容皆正確無誤。與本書內容有矛盾的證據
皆應忽略。」第二條指示說：「如果你遇到同樣相信
本書內容正確的人，他們有任何需要，你都應該予
以協助，而他們也將這樣對你。」第三條指示說：

「盡你的能力，向所有人介紹這本書。如果他們拒絕相信本書內容正確，你應該驅逐或殺死他們。」

　　一開始，你可能會想：「誰會相信這種東西？」但是，只要有幾個人的大腦認為這本書可信，假以時日，認為該書可信的大腦模型，就可能像病毒那樣「感染」許多人的大腦。這本書不但講述了一套關於歷史的錯誤信念，還明確規定了一些行動。這些行動使信徒傳播對該書的信仰，幫助同樣相信這本書的人，並且清除反證的源頭。

　　這本歷史書是迷因（meme）的一個例子。迷因是生物學家理查・道金斯（Richard Dawkins）最早提出的概念，指一種能複製和演化的東西，很像基因，但迷因是經由文化複製和演化。（「迷因」一詞近年被挪用來指網路上稱為哏圖的圖像。我在這裡用的是該詞的原始定義。）那本歷史書實際上是一組相互支持的迷因，就像一個獨立的生物體是由一組相互支持的基因創造那樣。那本書中的每一條指示，都可視為一個迷因。

　　那本歷史書中的迷因，與該書信徒的基因有一種共生關係。例如，那本書規定，相信該書的人應該優先援助其他信徒。如此一來，信徒很可能會有更多孩子可以生存下去（複製更多基因），而這將促使更多人認為那本書可信（複製更多迷因）。

　　迷因和基因會演變，而且可能以一種相互強化

的方式演變。例如，假設那本歷史書出現了一個新版本，原版與新版的差別是新版的開頭多了幾條指示，譬如「婦女應該盡可能多生孩子」和「不得送孩子去那種他們可能接觸到對本書的批評的學校上學。」現在這本歷史書有兩個版本流傳，而新版因為有那些額外的指示，複製能力略優於舊版，因此隨著時間推移，新版將成為主流版本。信徒的生物基因也可能經歷類似的演化，比較願意多生孩子，而更能夠忽視不利證據或更願意傷害非信徒的人將得到青睞。

只要錯誤的信念有助信徒傳播他們的基因，錯誤的世界模型就可以傳播和壯大。那本歷史書與相信它的人處於一種共生關係，兩者相互幫助對方複製，而且以一種相互強化的方式演化。雖然那本歷史書含有許多事實錯誤，但生命的關鍵不在於擁有一個正確的世界模型；生命的關鍵在於複製。

語言與錯誤信念的傳播

在語言出現之前，個人的世界模型僅限於當事人親自去過的地方和親身接觸過的事物。如果不曾去過那裡，沒有人知道山脊或大海另一邊有些什麼。藉由親身經歷去認識世界，通常是可靠的。

隨著語言的出現，人類的世界模型大大擴展，納入了我們不曾親身接觸過的事物。例如，雖然我

不曾去過哈瓦那，我可以與那些聲稱去過那裡的人
交談，也可以閱讀其他人寫的關於哈瓦那的文章。
我相信哈瓦那是真實存在的地方，因為我信任的人
說他們去過那裡，而且他們的敘述是一致的。現在
我們相信的許多事物是無法直接觀察的，我們因此
仰賴語言來認識相關現象。這包括原子、分子和星
系之類的發現；包括緩慢的過程，例如物種的演化
和地球板塊運動；包括我們不曾親身到訪但相信存
在的地方，例如海王星和哈瓦那（就我而言）。人
類智力的勝利，智人物種的啟蒙，是我們的世界模
型擴展至我們可以直接觀察的事物範圍之外。這種
知識的擴展得以發生，有賴各種工具（例如船隻、
顯微鏡、望遠鏡）和各種交流形式（例如書面語言
和圖片。）

　　但是，藉由語言間接認識世界，並不是百分百
可靠的。例如，或許世上並非真有哈瓦那這個地
方，或許那些跟我談哈瓦那的人是在說謊，而且串
通起來利用錯誤資訊愚弄我。那本含有許多事實錯
誤的歷史書告訴我們，即使沒有人故意散播錯誤的
資訊，錯誤的信念仍有可能經由語言傳播。

　　據我們所知，只有一種方法可以辨別真假，只
有一種方法可以檢驗我們的世界模型是否有誤，這
種方法就是積極尋找與我們的信念衝突的證據。找
到證據支持我們的信念是有用的，但不是決定性

的。找到相反的證據則可以證明我們頭腦裡的模型有錯，需要加以修改。積極尋找證據來推翻我們的信念就是科學方法，這是我們所知唯一能使我們更接近真相的方法。

今天，在二十一世紀初，錯誤的信念十分猖獗，迷惑著無數人。如果是關於人類尚未解開的謎團，抱持錯誤的信念是可以理解的。例如，五百年前的人相信地平論是可以理解的，因為當時人類尚未普遍認識到地球是個球狀物體，而且幾乎沒有證據顯示地球不是平的。同樣地，關於時間的性質，現在的人有不同的信念是可以理解的，因為我們還沒有認清時間的性質。但今我不安的是，至今仍有數十億人抱持已經證實錯誤的信念。例如，在啟蒙運動開始三百年後，人類多數仍相信關於地球起源的神話。大量的相反證據，已經證明這些起源神話是錯誤的，但多數人仍然相信。

這類問題可歸咎於病毒型錯誤信念。一如那本充斥著錯誤的歷史書，迷因有賴大腦複製，因此演化出控制大腦的行為以促進自身利益的方法。因為新皮質不斷作出預測以檢驗它的世界模型，該模型本質上是會自我修正的。大腦本身會堅定地邁向越來越準確的世界模型，但這種過程受到病毒型錯誤信念阻撓，並且造成全球規模的影響。

在本書最後，我將提出對人類一種比較樂觀的

看法，但在著眼於這個比較光明的前景之前，我想
談談我們人類對自己造成的非常真實的存在威脅。

13

人類智能的存在風險

智能本身是良性的。正如我在第11章指出，除
非我們刻意使智慧型機器具有自私的欲望、
動機和情感，機器智能將不會危及人類的存在。
但是，人類的智能就不是那麼良性了。人類的行
為可能導致人類滅亡，這是我們早就知道的。例
如，自1947年以來，《原子科學家公報》（*Bulletin
of the Atomic Scientists*）就一直以所謂的「末日鐘」
（Doomsday Clock）提醒我們，人類有多接近使地
球變得不適合居住。「末日鐘」的構想起初源自對
核戰的擔憂，核戰造成的大火可能毀滅地球；2007
年有所更新，將氣候變遷視為人類自我滅絕的第二
個潛在原因。有關核武器和人類引起的氣候變遷是
否危及人類的存在，人們至今仍有爭議，但兩者無
疑都有可能造成人類巨大的苦難。氣候變遷是已經

確定的事，爭論焦點已轉移至情況會有多壞、誰將受到影響、惡化速度會有多快，以及我們應該如何因應。

核武器和氣候變遷危及人類的存在，是一百年前沒有的事。以當前的技術變革速度，我們幾乎肯定將在未來一段時期製造出更多存在威脅。我們必須化解這些威脅，但如果我們想要長期成功，就必須從系統的角度審視這些問題，我將在本章集中討論與人腦有關的兩個基本系統風險。

第一個風險與我們的大腦比較古老的部分有關。雖然新皮質使我們具有卓越的智能，我們的大腦有30％遠早於新皮質演化出來，而它創造了我們比較原始的欲望和行動。我們的新皮質發明了能改變整個地球的強大技術，但控制這些技術的人類行為，卻往往是自私和短視的舊腦主導的。

第二個風險與新皮質和智能比較直接有關。新皮質可能被愚弄，它可能對世界的基本事實形成錯誤的信念，而我們可能基於這些錯誤的信念，採取損害我們自身長遠利益的行動。

舊腦造成的風險

我們是動物，是無數代其他動物的後代。我們的每一位祖先，都至少有一個後代，代代相傳到我們這一代。我們的血統可追溯至數十億年前，在這

整段時間長河裡，衡量成功的終極標準——可說是唯一標準——就是優先將自己的基因傳給下一代。

大腦必須能提高有大腦的動物的生存和繁殖能力，才稱得上有用。最早的神經系統很簡單，僅負責控制反射反應和身體機能，其設計和功能完全是基因決定的。隨著時間推移，內建功能有所擴展，納入了我們現在視為可取的行為，例如照顧後代和社群合作；但也出現了我們認為不是很好的行為，例如爭奪地盤、爭奪交配權、強迫交配，以及竊取資源。

無論我們是否認為可取，內建行為會出現，都是因為它們有助我們適應環境、生存繁衍。我們的大腦較為古老的部分，仍然保留著這些原始行為；我們全都帶著這種遺產生活。當然，各人的情況顯著有別：我們表現多少這些舊腦行為，我們比較理性的新皮質控制這些行為的能力有多強形成了一個範圍，每一個人都處於該範圍內某個位置。這種差異某程度上據信是遺傳造成的，文化因素的影響有多大則不得而知。

因此，即使我們很聰明，我們的舊腦仍在那裡，根據數億年生存演化形成的規則運作。我們仍會爭奪地盤和交配權，仍會騙人，仍會犯強姦這種暴行。不是每個人都會做這些事，而我們也會教導孩子，希望他們展現某些行為，但只要看一下任何

一天的新聞就可以確認，作為一個物種，在不同的
文化和每一個社會裡，我們還是未能擺脫這些不大
可取的原始行為。我要重申的是，我說一種行為不
大可取，是從個人或社會的角度來看；對基因來
說，所有這些行為都是有用的。

　　舊腦本身並不構成存在風險，舊腦的行為畢竟
是成功的適應表現。在過去，一個部落如果因為爭
奪地盤而殺死另一個部落的所有成員，並不會危及
全人類。生存競爭中有贏家、也有輸家，一個人或
幾個人的行動，影響僅限於地球的一部分和人類的
一部分。舊腦如今危及人類的存在，是因為我們的
新皮質已經創造出可以改變或甚至毀滅整個地球的
技術。舊腦短視的行為配合新皮質能改變地球的技
術，已經成為一種危及人類的存在威脅。接下來，
我們藉由審視氣候變遷及其根本原因之一的人口成
長，來看這種情況是如何發生的。

人口成長與氣候變遷

　　人為的氣候變遷是兩個因素導致的：其一是生
活在地球上的人數，其二是每一個人製造的汙染
量。兩者都在增加，我們先看人口成長問題。

　　1960年，地球上約有30億人。我最早的記憶
就是來自那個年代，在我的記憶中，從不曾有人提
出，只要全球人口倍增，世界在1960年代面臨的問

題就能解決。全球人口眼下已經接近80億，並且還在持續增加。

簡單的邏輯告訴我們，如果世界上少一些人，地球環境因為人類的活動而經歷某種退化和崩潰的可能性就會低一些。例如，如果地球上只有20億人而不是80億人，地球的生態系統或許就能承受人類的影響，而不發生快速和劇烈的變化。即使地球無法持續支撐20億人的存在，我們也會有更多時間可以調整行為，以實現永續的生活方式。

那麼，為什麼全球人口從1960年的30億暴增至現在的80億？為什麼人口沒有保持在30億或減少至20億？幾乎所有人都會同意，人少一些對地球比較好。那麼，為什麼全球人口不減反增？雖然答案可能顯而易見，還是值得剖析一下。

生命是基於一個非常簡單的概念：基因盡可能複製自己，越多越好。這導致動物努力多生孩子，也導致物種努力多開闢棲息地，越多越好。大腦演化以便滿足生命的這個最基本欲求，大腦幫助基因製造更多自己的副本。

但是，對基因有利的事，並非總是對個體有利。例如，站在基因的立場，人類家庭的孩子多到無法全部養活是沒問題的，在這種情況下，有時會有孩子餓死，有時不會。站在基因的立場，偶爾有太多孩子總好過孩子太少。有些孩子可能因此遭受

可怕的痛苦，他們的父母會十分吃力和悲痛，但基因不在乎這種問題。我們作為個體的存在，是為了滿足基因的需要。導致我們盡可能多生孩子的基因將會更成功，即使這有時導致死亡和痛苦。

同樣地，站在基因的立場，物種嘗試開闢新棲息地是好事，儘管這種嘗試經常失敗。假設有個人類部落分裂了，有四群人占據了四個新棲息地，只有一群人能夠生存下去，其他三群人掙扎、挨餓，最終滅絕。在這個過程中，個別的人受了很多苦，但基因卻成功了，因為它占據的棲息地增加了一倍。

基因什麼都不懂。它們不享受當基因，無法複製時也不會覺得痛苦。它們只是有複製能力的複雜分子。

另一方面，新皮質比較識大體。舊腦的目標和行為由基因決定，是固定的；新皮質則不同，它習得一個世界的模型，可以預測人口失控增加的後果。因此，我們可以預料到，如果我們繼續任由全球人口增加，人類將承受種種苦難。那麼，為什麼我們沒有經由集體努力，逐步減少人口呢？因為舊腦仍然支配我們的行為。

我在第1章提過蛋糕誘人但不健康的例子。我們的新皮質可能知道，經常吃蛋糕對我們不好，因為可能會導致我們肥胖、生病和早逝。我們早上離家外出時，可能決心只吃健康的食物，但當我們看

到、聞到蛋糕時，往往還是忍不住吃了。舊腦控制了我們的行為，它是在熱量不容易得到的時代演化出來的。舊腦不知道長遠的後果，在舊腦與新皮質的鬥爭中，舊腦通常勝出。因此，即使我們知道對健康不利，常常還是難以抗拒蛋糕的誘惑。

由於難以控制自己的飲食，我們就做力所能及的事，運用智能減輕損害。我們發明了醫療技術，例如藥物和手術。我們舉辦會議，探討肥胖流行的問題。我們發起運動，宣傳飲食不健康的危險。但是，即使道理上我們知道最好是堅持健康飲食，而不是仰賴其他救濟手段，根本問題還是無法解決，我們還是經常吃蛋糕。

人口成長也遇到類似的問題。我們知道，到了某個時候，我們將必須終止人口成長。此中道理很簡單：人口不可能無止境增加，許多生態學家認為地球人口已經多到不可持續。但我們發現，人口實在難以控制，因為舊腦希望盡可能多生孩子，因此我們轉為利用智能大大改進農業技術，發明了新的作物和增加產量的新方法。我們還創造了一些技術，能把糧食運到世上任何地方。我們運用智能創造了奇蹟：在全球人口幾乎增加兩倍的同時，減少了飢餓和飢荒。但是，這種發展是有極限的，我們還是必須終止人口成長，否則在未來某個時候，人類將經歷巨大的苦難，這是確定的事。

　　當然，實際情況並不像我所描繪的那麼黑白分明。有些人理性地決定少生或不生孩子，有些人可能因為教育不足，沒有認識到自身行為可能造成的長期後果，還有許多人因為非常貧窮，要靠多生孩子才能生存下去。與人口成長有關的問題相當複雜，但如果我們退一步看大局，就會發現人類認識人口成長的危險至少五十年了，在這段時間裡，地球人口卻幾乎增加了兩倍。這種增長的根源是舊腦的結構和舊腦所服務的基因；幸運的是，新皮質有辦法贏得這場鬥爭。

新皮質可以如何打敗舊腦

　　關於人口過剩有個奇怪之處：全球人口應該縮減的想法是沒有爭議的，但談論我們可以如何從現況出發實現這個目標，卻是社會上和政治上不可接受的。也許是因為我們想起中國受人指責的一胎化政策，也許是因為我們不自覺地將減少人口與種族滅絕、優生學或大屠殺聯繫起來。無論出於什麼原因，刻意縮減人口是我們極少討論的事。事實上，當一個國家的人口在減少時，例如現在的日本，人們會視為經濟危機。幾乎沒有人把日本人口萎縮說成是其他國家應該仿效的榜樣。

　　幸運的是，人口成長問題有個簡單而巧妙的解決方法，不會強迫任何人做不想做的事情，而我們

知道它將使全球人口縮減至比較可持續的規模，還可以使相關的人變得更幸福快樂。儘管如此，許多人仍然反對這個方法。這個簡單而聰明的方法，就是確保每一名婦女都有能力控制自己的生育，真的可以按照自己的意願，決定是否生孩子或生多少孩子。

　　我說這個方法很聰明，是因為在舊腦與新皮質的鬥爭中，舊腦幾乎總是獲勝。節育技術的發明告訴我們，新皮質可以運用它的智能來占得優勢。

　　我們的後代越多，越有利於基因的傳播。對性的渴望，就是人類在演化中發展出來為基因服務的機制。即使我們不想要更多孩子，也很難停止性生活。我們因此運用智能創造出控制生育的方法，盡可能滿足舊腦對性的渴望，但不多生孩子。舊腦沒有智能，不明白自己在做什麼或原因何在。我們的新皮質建立了自己的世界模型，可以看到生太多孩子的壞處，也可以看到延後成家的好處。新皮質不與舊腦對抗，而是讓舊腦得到它想要的東西，但防止不可取的結果。

　　那麼，為什麼還是有人持續反對賦權女性？為什麼許多人反對同工同酬、普及日間托兒服務和家庭計畫？為什麼婦女在獲得平等權力地位方面，仍然面臨重重障礙？根據幾乎所有客觀標準，賦權女性都有利於世界的永續發展和減少人類的痛苦；客

觀而言，反對賦權女性似乎很不智。我們可以將這種困境歸咎於舊腦和病毒型錯誤信念，這就說到了人類大腦的第二個基本風險。

錯誤信念的危險

新皮質雖然能力驚人，也有可能被愚弄。人很容易因為被騙，對世界抱持一些錯誤的基本看法。如果你有錯誤的信念，你就可能作出致命的錯誤決定。如果這些決定會產生全球規模的後果，情況就特別糟糕。

我在小學時，第一次遇到錯誤信念衍生的困惑。正如我在前文指出，錯誤信念有很多來源，而我的故事與宗教有關。某年開學後不久，某天課間休息時，約有十個孩子在操場上圍成一圈，我加入了他們。他們輪流說他們信什麼宗教，每個孩子說出他的信仰後，其他孩子就可能說出該宗教與他們所信的宗教有什麼不同，例如節日或儀式方面的差異。他們的談話出現諸如此類的話：「我們相信馬丁・路德所說的，而你們不相信。」「我們相信輪迴轉世，這與你們所信的不同。」對話中完全沒有敵意，只是一群孩子轉述他們在家裡被告知的東西，整理出彼此的差異。這些談話對我來說很新鮮，因為我在一個沒有宗教信仰的家庭中長大，之前從未聽過關於這些宗教的描述，也沒有聽過其他

孩子說出的許多詞語。談話聚焦於他們在信仰上的差異，這使得我很不安：如果他們相信不同的東西，大家不是應該一起努力，釐清哪些信念是正確的嗎？

我聽著其他孩子談論他們在信仰上的差異，心裡知道他們所信的不可能都是對的。即使當時年紀很小，我強烈覺得有些東西不對勁。其他人都講過話之後，有人問我信什麼宗教？我說我不確定，但我不認為自己有宗教信仰。這引起了不小的轟動，有幾個孩子說這是不可能的。最後，有個孩子問道：「那你相信什麼？你總得相信些什麼。」

那次操場上的對話，給我留下了深刻的印象，此後我曾多次思考相關問題。當時令我不安的，不是他們信些什麼，而是那些孩子願意接受互有衝突的信仰，不會因此感到困擾。這就像我們看著同一棵樹，有個孩子說：「我家裡認為這是一棵橡樹」，另一個孩子說：「我家裡認為這是一棵棕櫚樹」，還有一個說：「我家裡認為這不是樹，而是一株鬱金香」，而奇怪的是，沒有人想辯論正確答案是什麼。

現在，我對大腦如何形成信念，已有很好的認識。在上一章，我講述了大腦的世界模型可以如何出錯，以及為什麼雖然有相反的證據，錯誤的信念還是可以揮之不去。下列是錯誤的信念流傳的三項

基本要素：

1. **不能直接體驗**：錯誤的信念幾乎總是關於我們無法直接體驗的事物。如果我們不能直接觀察某事物，如果我們自己無法聽到、觸摸或看到，就必須仰賴其他人的敘述。我們聽誰的話，決定了我們相信什麼。

2. **忽視相反的證據**：為了堅持錯誤的信念，你必須否定與它有衝突的證據。大多數錯誤的信念，都規定信徒必須忽視相反的證據，並且提出必須這麼做的理由。

3. **病毒型傳播**：病毒型錯誤信念規定了一些行為，鼓勵信徒向其他人傳播這些信念。

接著，我們來看這三項要素如何適用於三個幾乎肯定錯誤的常見信念。

信念1：接種疫苗導致自閉症

1. **不能直接體驗**：沒有人能藉由直接觀察判斷疫苗是否會導致自閉症；解答這個問題，必須做一項有許多人參加的對照研究。

2. **忽視相反的證據**：你必須無視數以百計的科學家和醫務人員的意見，你的理由可能是這些人為了私利隱瞞事實，又或者他們不知道真相。

3. **病毒型傳播**：有人告訴你，傳播這個信念可以

拯救兒童，防止他們患上棘手的疾病，因此你有道德義務使其他人相信疫苗十分危險。

相信接種疫苗會導致自閉症，即使這個想法會導致兒童死亡，也不會對人類構成存在威脅。但是，有兩個常見的錯誤信念對人類構成存在威脅，那就是否認氣候變遷的危險和相信有來生。

信念 2：氣候變遷並不構成對人類的威脅

1. **不能直接體驗**：全球氣候變遷不是個人可以觀察到的東西。你所在地方的天氣一直是多變的，而極端天氣事件也是一直都有的。日復一日地望向窗外，是無法發現氣候變遷的。

2. **忽視相反的證據**：對抗氣候變遷的政策，會損害某些人和某些公司的短期利益。多種理由被提出來保護這些利益，例如氣候科學家捏造數據和提出可怕的情境，只是為了獲得更多經費，又或者相關科學研究有缺陷。

3. **病毒型傳播**：氣候變遷否認者聲稱，對抗氣候變遷的政策試圖剝奪個人自由，或許是嘗試建立一個全球政府或圖利某個政黨。因此，為了保護自由和自主，你有道德義務說服其他人，使他們也相信氣候變遷並不構成對人類的威脅。

　　希望大家都清楚認識到，為什麼氣候變遷危及人類的存在。我們有可能顯著改變地球，使它變得不適合人類居住。我們不知道這種可能性有多大，但我們確實知道火星——最接近地球的行星——曾經頗像地球，現在是一座無法居住的荒漠。即使地球發生這種情況的可能性很小，我們還是應該審慎關注。

信念3：人有來生

　　人有來生的信念，已經存在了很長一段時間，似乎在錯誤信念的世界裡，持續占有一席之地。

1. **不能直接體驗**：沒有人可以直接觀察來生，本質上它不可觀察。

2. **忽視相反的證據**：與其他錯誤信念不同，沒有科學研究證明來生論不正確。反對來生論主要是基於缺乏證據，來生論者因此比較容易忽視沒有來生的說法。

3. **病毒型傳播**：來生論是病毒型信念。例如，相信有天堂的人可能會說，如果你努力嘗試說服其他人相信天堂論，你上天堂的機會就會增加。

　　來生論本身是良性的。例如，相信人會輪迴，通常使人比較注意自身言行，這似乎不會構成任何存在風險。但是，如果你相信來生比現世更重要，

來生論就可能很危險。在極端情況下，這可能導致
來生論信徒相信摧毀地球，或摧毀幾座大城市和殺
死數十億人，有助他們實現理想的來生。在過去，
這種思想可能導致一兩座城市被摧毀，現在則可能
引發失控的核戰，使地球變得無法居住。

大概念

　　本章並未列出我們面臨的所有威脅；至於我提
到的威脅，我也沒有充分探討其複雜情況。我想說
的是，我們的智能造就了人類這個物種的成功，但
也可能是我們滅亡的種子。我們的大腦由舊腦和新
皮質構成，這種結構是問題所在。

　　我們的舊腦演化出極力追求短期生存和盡可能
多生孩子的本能。舊腦有它好的一面，例如它使我
們養育孩子和照顧親友。但它也有不好的一面，例
如導致我們為了爭奪資源和繁殖機會而出現反社會
行為，包括謀殺與強姦。稱這些表現為「好」或
「壞」是有點主觀的，站在追求自我複製的基因的
立場，它們都是成功的。

　　我們的新皮質經歷演化，為舊腦服務。新皮質
習得一個世界的模型，舊腦可以利用它，更好地達
成生存和繁衍的目標。在演化路上某處，新皮質發
展出機制，支持人類的語言能力和靈巧手藝。

　　語言使人類得以分享知識，這對生存當然有巨

大的好處，但也播下了錯誤信念的種子。在語言出現之前，人腦的世界模型僅限於我們可以親自觀察的事物。語言使我們得以擴大我們大腦裡的世界模型，納入我們從別人那裡學到的東西。例如，某個旅行者可能告訴我，我不曾去過的某座山深處有危險的野獸，這擴大了我的世界模型。但是，那個旅行者的故事可能是假的。也許在那座山的深處有寶貴的資源，而那個旅行者不想要我知道。除了語言能力，我們靈巧的手藝使我們得以創造出複雜精密的工具，包括我們越來越倚賴來養活龐大人口、會產生全球規模影響的技術。

如今，我們發現自己面臨幾個存在威脅。第一個問題是，我們的舊腦仍然支配我們，使我們無法作出有利於人類長期生存的選擇，例如減少人口或消除核武器。第二個問題是，我們創造的會產生全球規模影響的技術，容易被抱持錯誤信念的人濫用。抱持錯誤信念的幾個人，可能破壞或濫用這些技術，例如動用核武器。這些人可能認為，他們的行為是正義的，而他們將得到回報，也許是在來生。但事實是這種回報不會發生，而數十億人將受苦。

新皮質使我們得以成為一個技術型物種，我們能以一百年前根本無法想像的方式控制自然。但是，我們仍是一個生物物種，每個人都有一個舊腦，使我們的行為方式不利於我們這個物種的長期生

存。我們是否注定將滅亡？我們是否有辦法擺脫這
種困境？在本書餘下幾章裡，我將闡述我們的選項。

14
人腦與機器融合

有關人類可以如何結合人腦與電腦以防止我們死亡和滅絕，有兩個人們已經廣泛討論的設想：一個是將我們的大腦上傳到電腦裡；另一個是將我們的大腦與電腦融合起來。數十年來，這些設想一直是科幻小說和未來學家探討的主題，最近科學家和技術專家更加認真看待，一些人正努力使它們成為現實。在本章，我將根據我們對大腦的認識來探討這兩個設想。

上傳大腦，需要記錄你大腦的所有細節，利用它們在電腦中模擬你的大腦。模擬器將與你的大腦完全相同，因此「你」將活在電腦中。這麼做，是為了將精神和智力方面的「你」，與你的生物身體分開。這樣一來，你就可以永遠活著，包括活在遠離地球的電腦中，而即使地球變得不適合人類居

住，你也不會死。

　　融合人腦與電腦，則需要將你大腦裡的神經元與電腦中的矽晶片連接起來。如此一來，你藉由思考，就能利用網際網路上的所有資源。這麼做的一個目標是賦予你超人的力量，另一個目標是減輕智能爆發的負面影響——如我在第11章中指出，智能爆發是指智慧型機器突然變得極其聰明，人類無法再控制它們，然後它們將殺死或奴役我們。藉由融合人腦與電腦，我們也將變得超級聰明，不會落後於機器。也就是說，我們藉由與機器融合來拯救自己。

　　你可能覺得這些想法很荒謬，根本不可能實現，但很多聰明人認真看待它們。這些想法很吸引人，原因不難理解：上傳大腦可得永生，融合人腦與電腦可以得到超人的能力。

　　這些設想能夠實現嗎？它們能夠減輕我們面臨的存在風險嗎？我對此不樂觀。

為什麼我們會覺得被困在自己的身體裡？

　　有時，我覺得自己好像被困在我的身體裡——彷彿我的意識心智可以用另一種形式存在。那麼，僅僅因為我的身體變老和死亡，為什麼「我」就必須死去？如果我沒有被困在一個生物身體裡，我不就可以永遠活著嗎？

　　死亡是很奇怪的。我們的舊腦天生害怕死亡，但我們的身體卻注定會死。為什麼演化會使我們害怕最無可避免的事？演化得出這個矛盾的策略，想必有很好的理由。我的最佳猜測還是基於理查・道金斯在其著作《自私的基因》（*The Selfish Gene*）中提出的觀點。道金斯認為，演化在乎的不是物種的生存，而是個別基因的生存。站在基因的立場，我們必須活得夠久，以便留下後代——也就是留下基因的副本。留下後代之後還活很久，對個體雖然是好事，但未必符合個別基因的最佳利益。例如，你和我都是基因的特定組合，我們生了孩子之後，站在基因的立場，我們騰出空間給新的基因組合、新的人可能會更好。在資源有限的世界裡，一個基因最好是存在於與其他基因的許多不同組合裡，這就是為什麼我們注定要死（以便為其他基因組合騰出空間），但最好是在留下後代之後。道金斯的理論暗示，我們是基因不知情的僕人。複雜的動物，例如人類，只是為了幫助基因複製而存在。一切，都是為了基因。

　　在演化的長河裡，最近發生了一個新情況：我們這個物種有了智能。這當然有助我們複製基因，我們的智能使我們得以更好地避開掠食者、找到食物，以及生活在不同的生態系統中。但我們新生的智能有一個後果，未必符合基因的最佳利益。地球

生命史上發生了這件破天荒的事：有個物種，也就
是我們人類，明白了世界在發生什麼事——我們開
了眼。我們的新皮質含有一個演化模型和一個世界
的模型，現在它認識人類存在背後的真相。拜我們
的知識和智能所賜，我們可以考慮以不符合基因最
佳利益的方式行事，例如運用節育技術或修改我們
不喜歡的基因。

　　我認為，人類目前的處境是兩股強大力量之間
的鬥爭。一方是基因和演化，它們已經主宰生命數
十億年之久。基因並不在乎個體的生存，也不在乎
人類社會的生存。多數基因甚至不在乎我們這個物
種是否滅絕，因為基因通常存在於多個物種之中。
基因只在乎複製自己——當然，基因只是化學分
子，並不「在乎」任何東西，但以擬人化的方式描
述基因是有用的。

　　另一方，與基因競爭的是我們新生的智能。存
在於大腦中的心智「我」，想要掙脫基因的奴役，
不再被使人類走到這裡的達爾文過程所束縛。我們
作為有智能的個體，希望可以永遠活著，希望能夠
保護我們的社會。我們想要擺脫創造出我們的演化
力量。

上傳你的大腦

　　上傳大腦至電腦裡是一種逃脫手段，使我們得

以避開生物身體造成的種種麻煩,以一種電腦模擬的狀態永遠活著。我不會說上傳大腦是一種主流想法,但它已經存在了很長時間,許多人認為它很誘人。

我們目前不具備上傳大腦所需要的知識或技術,但未來能做得到嗎?我認為理論上沒有理由不可以,但在技術上非常困難,可能永遠無法做到。不過,無論在技術上是否可行,我認為結果不會令人滿意。也就是說,即使你能把你的大腦上傳到電腦裡,我不認為你會喜歡結果。

我們先來討論上傳大腦的可行性。基本構想是我們畫出大腦的細圖,確定每一個神經元和每一個突觸的位置,在軟體中完整重新創造出這些結構,然後電腦模擬你的大腦,此時它將覺得自己像你。「你」將活著,但「你」將是在一個電腦大腦裡,不是在你原本的生物大腦裡。

為了上傳你這個人,我們需要上傳你的整個大腦,還是僅上傳某些部分?新皮質顯然是必要的,因為它是思想和智能的器官。我們的許多日常記憶是在海馬複合體中形成的,所以也會需要。那麼舊腦的所有情感中心呢?腦幹和脊髓呢?我們的電腦身體不會有肺或心臟,那麼我們是否需要上傳控制它們的大腦部分?我們是否應該容許我們上傳的大腦感覺到疼痛?你可能會想:「當然不要!只要好的部分。」但我們大腦的所有部分,都以複雜的方

式互連。如果我們剔除大腦某些部分，上傳後的大
腦將會有嚴重的問題。如前所述，有些人失去一條
肢體之後，會感覺到那條已經不存在的肢體疼痛不
已，這種幻肢痛可能令人變得十分虛弱。如果我們
上傳新皮質，它會有神經組織代表你身體的每一部
分；如果身體不在那裡，你可能會遇到無所不在的
嚴重疼痛。大腦的每個其他部分也可能出現類似
問題；如果有東西遺漏了，大腦的其他部分就會
混淆，無法正常運作。事實是，如果我們想上傳
「你」這個人，並且希望上傳後的大腦是正常的，
我們將必須上傳整個大腦，不漏掉任何一部分。

　　那你的身體呢？你可能會想：「我不需要身體，
只要我能夠思考、與其他人討論想法，我就會很開
心。」但是你的生物大腦被設計成利用你的肺和喉
說話，利用特定的肌肉組織；你的生物大腦學會了利
用你的眼睛看東西，而眼睛有特定的感光細胞排列
方式。如果你的模擬大腦要延續你的生物大腦的思
考，我們將必須重新創造出你的眼睛，包括眼部肌肉
和視網膜之類的。當然，上傳後的大腦不需要肉身
或生物眼睛，模擬應該就已足夠，但這意味著我們
將必須模擬你特定的身體和感覺器官。大腦與身體
緊密相連，在許多方面是一個系統，我們不可能剔
除大腦或身體的某些部分而不造成某些嚴重問題。
不過，這些都不是根本性的障礙，只是告訴我們，上

傳一個人到電腦裡，比多數人所想的困難得多。

　　我們必須回答的另一個問題，就是如何「閱讀」生物大腦的細節。我們怎樣才能足夠詳細地測量大腦的一切，以便在電腦中重新創造你？人類的大腦約有一千億個神經元和幾百兆個突觸。每一個神經元和突觸，都有複雜的形狀和內部結構。為了在電腦中複製大腦，我們必須掌握大腦中每一個神經元和每一個突觸的位置與結構。我們目前還沒有技術可以對死人的大腦做這件事，遑論對活人的大腦。光是代表一個大腦所需要的數據量，就遠遠超過當前電腦系統的處理能力。獲得足夠的細節資料以便在電腦中重新創造一個人，是極其困難的事，我們可能永遠無法做到。

　　但我們暫且撇開這些問題，假設在未來某個時候，我們有能力瞬間取得在電腦中重新創造一個人所需要的全部資料，假設我們的電腦有足夠能力模擬你和你的身體。果真如此，我完全不懷疑基於電腦的大腦會有意識和知覺，就像你一樣。但這會是你想要的嗎？也許你正在想像下列這種情境。

　　你正處於生命的盡頭，醫師說你只剩下幾個小時的生命。此時你按下一個開關，你的大腦隨即一片空白。幾分鐘後，你醒過來，發現自己活在一個基於電腦的新身體裡。你的記憶完好無損，你覺得自己恢復了健康，展開新的永恆生命。你大喊：

「耶！我還活著！」

　　現在想像一個稍微不同的情境。假設我們有技術可以複製你的生物大腦而不影響它，現在你按下開關之後，你的大腦被複製到一台電腦上，而你沒有任何感覺。幾分鐘後，電腦說：「耶！我還活著。」但是，你，那個生物你，還是存在。現在有兩個「你」，一個在生物身體中，一個在電腦身體中。電腦那個你說：「現在我已經上傳了，不需要原本那個身體了，請把它處理掉。」生物那個你說：「等一下，我還在，我不覺得有任何改變，我不想死。」我們應該如何處理這個問題？

　　解決這個難題的方法，或許就是讓生物那個你度過餘生，自然死亡。這似乎很合理。但是，在生物你死亡之前，世上有兩個你。生物你與電腦你會有不同的經歷，因此隨著時間推移，兩者漸行漸遠，變成了不同的人。例如，生物你和電腦你可能會發展出不同的道德與政治立場，生物你可能會後悔創造了電腦你，而電腦你可能不喜歡有一個生物老人聲稱是自己。

　　更糟的是，你很可能會有壓力在你年輕時就上傳你的大腦。例如，想像一下，電腦你的智能健康，取決於大腦上傳時生物你的智能健康。因此，為了盡可能提高你的永生版本的生活品質，你應該在你心智健康最好時上傳你的大腦，譬如35歲

時。你可能想在年輕時上傳大腦的另一個原因是，你以肉身活著的每一天都有可能意外死亡，因此失去永生的機會。因此，你決定在35歲時上傳自己。請捫心自問：35歲的生物你在複製了自己的大腦之後，可以安然殺死自己嗎？隨著你的電腦版本展開自己的生活，你（生物你）則慢慢衰老、最終死去，生物你會覺得自己已得到永生嗎？我認為答案是否定的。「上傳你的大腦」是個誤導的說法，你真正做的是把自己分裂成兩個人。

　　現在再想像一下，你上傳了你的大腦，然後電腦那個你立刻複製了三個自己。現在有四個電腦你和一個生物你，這五個你開始有不同的經歷，漸行漸遠。每一個你都有獨立的意識，你是否已得永生？那四個電腦你，哪一個是永生的你？生物你慢慢衰老、邁向死亡，看著四個電腦你過各自的生活。這裡沒有共同的「你」，只有五個個體，雖然起初有相同的大腦和記憶，但隨即成為獨立的存在，此後過著不同的生活。

　　也許你已經注意到，這些情境與生孩子相似。當然，最大的不同是你不會在孩子出生時，上傳你的大腦到孩子的腦袋裡。然而，我們可說是在某程度上試圖這麼做，我們把家族史告訴孩子，教導他們，希望他們建立和我們一樣的道德觀和信仰。藉由這種方式，我們將我們的一些知識轉移到孩子的

大腦裡。但隨著他們長大，他們會有自己的經歷，成為獨立的人，就像你上傳大腦產生的電腦你那樣。想像一下，如果你能把你的大腦上傳給你的孩子，你會這麼做嗎？如果你這麼做，我相信你會後悔。你的孩子將背負你的記憶，終其一生將致力忘記你做過的一切。

上傳大腦乍聽是個極好的主意，誰不想得永生呢？但是，藉由上傳大腦到電腦中來複製自己，其實無法實現永生，就像生孩子無法實現永生那樣。複製自己是開出一條岔路，而不是延伸原本的路。開出岔路之後，會有兩個擁有知覺和自我意識的存在，而不是只有一個。一旦你意識到這一點，上傳大腦的吸引力就會開始減弱。

人腦與電腦融合

除了上傳大腦，你還可以考慮將你的大腦與電腦融合起來，方法是置入電極到你的大腦裡，然後連接電腦。如此一來，你的大腦可以直接從電腦接收資訊，而電腦也可以直接從你的大腦接收資訊。

將大腦與電腦連接起來有很好的理由，例如脊髓損傷可能使人幾乎完全喪失移動能力。傷者的大腦植入電極、接受訓練之後，就能藉由思考控制機械臂或電腦滑鼠。這種腦控義肢技術已經取得重大進展，有望改善許多人的生活。控制一條機械臂不

需要很多連結，大腦與電腦以數百或甚至數十個電極連接起來，就足以控制一條肢體的基本運動。

但有些人希望能創造一種更深入、更全面互連的腦機介面，使人腦與電腦之間有數以百萬計或甚至數以十億計的雙向連結。他們希望這可以賦予人類驚人的新能力，例如像喚起自身記憶那樣，輕鬆取得網際網路上的所有資訊，以及以超快的速度計算和搜尋資料。也就是說，藉由融合人腦與電腦，我們將極大地增強我們的智能。

一如上傳大腦，人腦與電腦融合，必須克服極其棘手的技術難題。這些難題包括如何以最小的手術將數百萬個電極植入大腦，如何避免人體的生物組織排斥電極，以及如何可靠地瞄準數以百萬計的個別神經元。目前有一些工程師和科學家團隊正在研究這些問題。一如關於上傳大腦的討論，我不想聚焦於技術困難，希望多談動機和結果，因此假設技術問題全都可以解決。那麼，為什麼我們會想融合人腦與電腦？腦機介面對幫助受傷的人有很大的意義，但為什麼我們會想把這種技術應用在健康的人身上？

如前所述，主張融合人腦與電腦的一個重要理由，是幫助人類應對超級智慧型 AI 的威脅。有些人擔心智能爆發的後果，擔心智慧型機器迅速超越我們造成的威脅。我之前指出，智能爆發不會發

生，也並不危及人類的存在，但許多人認為不是這樣。他們希望藉由融合我們的大腦與超級智慧型電腦，使我們也變得超級聰明，不會落後於機器。我們無疑正在進入科幻領域，但這是無稽之談嗎？我不否定利用腦機介面增強大腦功能的想法，我們必須致力於相關的基礎科學研究，使受傷者恢復運動能力。在此過程中，我們可能會發現相關技術的其他用途。

　　例如，假設我們開發出一種方法，可以精確地刺激新皮質中數以百萬計的個別神經元，也許我們利用病毒引入類似條碼的DNA片段去標記個別神經元，藉此做到這一點（這種技術已經存在。）然後我們利用指向個別細胞代碼的無線電波，使這些神經元活躍起來（這種技術尚未面世，但並非不可能。）如此一來，我們就有一種方法，不必動手術或植入東西到大腦裡，就可以精確控制數以百萬計的神經元。這可以用來使盲人恢復視力，或是創造一種新的感測器，例如使人能利用紫外線看東西。對於人腦能否與電腦完全融合，我是有懷疑的，但人類利用這種技術獲得新的能力，是有可能發生的。

　　在我看來，上傳大腦的設想沒什麼好處，而且極其困難，不大可能實現。融合人腦與電腦的設想應用在有限的目的上是可行的，也很可能發生，但人腦與機器完全融合則不大可能發生。此外，與電

腦融合的大腦，仍會有一個生物腦和身體，它們將
會退化和死亡。

　　重要的是，這兩個設想都沒有處理人類面臨的
存在風險。如果我們這個物種無法永遠存在，我們
現在是否可以做些什麼，使我們當前的存在有意
義，甚至在我們離開之後仍有意義？

15
人類遺產規劃

截至這裡，我都是在討論兩種形式的智能——生物智能和機器智能。接下來，我想把焦點轉移到知識上。知識是指我們對世界的認識；你的知識是你的新皮質中的世界模型。人類的知識，是我們個人所學的總和。在這一章和最後一章中，我將探討這個概念：知識值得保存和傳播，即使人類已不再參與其中。

　　我常想到恐龍。恐龍在地球上生存了約1.6億年，牠們為食物和地盤而戰，努力避免被吃掉。一如人類，牠們照顧牠們的孩子，致力保護後代免受掠食者傷害。牠們傳了數千萬代，現在滅絕了。無數的恐龍生命是為了什麼？牠們曾經的存在有任何意義嗎？有些恐龍物種演化成為現在的鳥類，但多數恐龍物種滅絕了。如果人類沒有發現恐龍的遺骸，宇宙

中很可能沒有任何東西會知道恐龍曾經存在。

　　人類也可能遭遇類似的命運。如果我們這個物種滅絕了，宇宙間會有誰知道我們曾經存在過，有誰知道我們曾經生活在地球上嗎？如果我們留下的東西從此沒有被發現，我們所有的成就——科學、藝術、文化、歷史——都將永遠消失，而永遠消失如同不曾存在過。我覺得這種情況有點不盡如人意。

　　當然，短期而言，此時此地，我們個人可以有許多有意義的生活方式。我們改善社區；我們撫養和教育孩子；我們創造藝術品，享受大自然。這些類型的活動可以造就快樂和充實的生活，但這些好處是個人和短暫的。我們和我們所愛的人在這裡時，它們對我們是有意義的，但任何意義都會隨著時間推移而消減，如果我們整個物種滅絕而且沒有留下紀錄，意義就完全消失了。

　　幾乎可以肯定的是，我們這個物種——智人——將在未來某個時候滅絕。數十億年後，太陽將死去，這將終結太陽系的生命。在那之前，數億至十億年後，太陽將會變得更熱，並將大大膨脹，地球將因此變成一個荒蕪的烤箱。因為這些事件非常遙遠，我們現在不必擔心，但人類有可能遠在這些事件發生前就滅絕。例如，地球可能被一顆比較大的小行星擊中——短期內不大可能，但又隨時可能發生。

短期而言，比如說未來一百年或一千年間，最可能導致人類滅絕的威脅，是人類自己製造出來的。人類許多最強大的技術僅存在了約一百年，而在這段時間裡，我們製造出兩個存在威脅：核武器和氣候變遷。隨著技術進步，我們幾乎肯定將製造出新的威脅，例如我們最近學會了如何精確修改DNA。我們可能創造出新的病毒或細菌，而它們真的有可能殺死每一個人。沒有人知道會發生什麼事，但我們很可能將創造出更多自我毀滅的方法。

當然，我們必須盡自己所能降低這些風險，而我對我們短期內可以避免自我毀滅大致上是樂觀的。但我認為，討論一下萬一情況不大對勁，我們現在能做什麼，對我們大有好處。

遺產規劃是你在生時為未來，而不是為自己所做的事。許多人懶得做遺產規劃，因為他們認為這對他們沒什麼好處，但事實未必如此。制定遺產計畫的人，往往覺得這賦予他們一種使命感，或創造了一種遺產。此外，遺產規劃過程迫使你從廣闊的角度思考人生。這件事必須在你臨終之前完成，因為一旦進入臨終階段，你很可能不再有能力去計畫和執行。人類整體的遺產規劃也是這樣，現在就是思考未來，想想我們不再存在時能如何影響未來的好時機。

談到人類的遺產規劃，誰可能受益？當然不是

人類，因為此事的前提是我們已經消失了。人類遺產規劃的受益者，是人類以外的智能物種。有智能的動物或機器，才有能力欣賞我們的存在、我們的歷史，以及我們累積的知識。我認為，有兩大類的未來生命要考慮。如果人類滅絕但其他生物繼續存在，那麼地球上可能再次演化出高級智能動物，而他們肯定會想盡可能多認識曾經存在的人類，這可能就像小說和電影《人猿星球》(*Planet of the Apes*)描繪的那種情境。我們可以嘗試接觸的第二類生命，是生活在銀河系其他地方的外星智能物種。他們存在的時間可能與我們重疊，也可能是在遙遠的未來。我將討論這兩種情境，雖然我認為聚焦於後者，在短期內很可能對我們最有意義。

為什麼其他智能生命可能會在乎我們？我們現在能做什麼，使他們在我們消失之後會感激我們？最重要的一件事，是讓他們知道我們曾經存在過。這個事實本身就很有價值。想一下，我們是多麼渴望知道銀河系中是否還有其他智能生命。對許多人來說，知道宇宙間還有人類以外的智能生命，將完全改變他們的人生觀。即使我們無法與外星生物溝通，知道他們存在或曾經存在過，對我們也有極大的意義。這就是「尋找外星智慧」(SETI)這種研究計畫的目標，它希望找到銀河系其他地方存在智能生命的證據。

　　除了我們曾經存在的這個事實，我們還可以傳達我們的歷史和知識。想像一下，如果恐龍能夠告訴我們牠們如何生存，以及什麼導致牠們滅絕，這將非常有趣，而且可能對我們極其有用。因為我們有智能，相對於恐龍可以告訴我們的東西，我們可以傳給未來的東西會有價值得多。我們有可能將人類學到的一切傳給未來。我們掌握的科技知識，可能比未來接收者所掌握的來得先進——記住，我們是在講我們未來掌握的知識，它無疑將比我們現在所掌握的先進。想想如果我們現在就知道時空旅行是否可行、如何製造實用的核融合反應器，或只是一些基本問題的答案，例如宇宙是有限的、還是無限的，那會多有價值。

　　最後，我們可能有機會傳達導致我們滅絕的原因。如果我們現在知道，遙遠的星球上有智能物種因為自己造成的氣候變遷而滅絕，我們將會更認真對待地球目前的氣候狀況。了解其他智能物種存在了多久、為何滅絕，將有助我們生存更久。這種知識的價值是很難估算的。

　　我將講述我們可能用來向未來傳達訊息的三種情況，藉此進一步討論這些想法。

瓶中信

　　如果你被困在一座荒島上，可能會設法寫一條

訊息，把它放在瓶子裡，然後扔進海裡。你會寫什麼？你可能會寫下你的所在地點，希望有人迅速發現、前來救你，但你不會對此抱有很大的希望。這個瓶中的訊息，比較可能在你死去很久之後才有人發現。因此，你可能會寫下你是誰，以及如何被困在島上。你希望未來會有人知道你的命運和講述你的故事。瓶子和訊息，是你避免自己被遺忘的工具。

1970年代初發射的「先鋒」（Pioneer）行星探測器，已經離開了我們的太陽系，進入了浩瀚的空間。天文學家卡爾・薩根（Carl Sagan）主張在先鋒探測器上加一塊金屬板，上方顯示探測器來自哪裡，並且畫出一個男人和一個女人。1970年代稍後，「航海家」（Voyager）探測器帶著金唱片出發，內容是來自地球的聲音和圖像，這些探測器也已經離開了太陽系。我們並不預期會再看到這些太空航行器，按照它們的航行速度，它們將需要數萬年時間，才有可能到達另一個恆星系。這些探測器不是為了與遠方的外星人交流而設計的，它們是我們的第一批瓶中信。它們基本上是象徵性的；不是因為要很久之後，它們才有可能接觸到外星生物，而是因為它們很可能永遠不會被發現。太空太大而探測器太小，探測器遇到任何東西的可能性因此很低。但是，知道太空中有這些探測器在航行，還是令人欣慰的。如果我們的太陽系明天就毀滅，這些

探測器上的金屬板和金唱片，將是地球上生命僅有的物質紀錄，將是我們僅有的遺產。

現在有一些倡議，是希望送出航行器前往地球附近的恆星系，當中重要的一個是「突破攝星」（Breakthrough Starshot）。它設想利用高功率的天基雷射器（space-based lasers），將小型航行器送往最接近我們的恆星系南門二（Alpha Centauri）。這個計畫的主要目標，是拍攝圍繞南門二運行的行星，並將照片傳回地球。在樂觀的假設下，整個過程將需要數十年。

一如先鋒和航海家探測器，突破攝星航行器將在我們消失很久之後繼續在太空中航行。如果航行器被銀河系其他地方的智能物種發現，就會知道我們曾經存在過，而且有足夠智能發送星際航行器。可惜的是，如果我們有意向其他智能物種傳達我們的存在，這不是一個好方法。航行器又小又慢，只能到達銀河系極小的一部分，而且即使它們到達有外星人的星系，被發現的可能性也很小。

留下微光

尋找外星智慧研究所（SETI Institute）多年來致力探測銀河系其他地方的智能生命。SETI假設其他智能生命正在廣播功率足以讓我們在地球上探測到的訊號。我們的雷達、無線電和電視廣播也向太

空發送訊號，但訊號非常弱；我們利用目前的SETI
技術，將無法探測到來自其他行星的類似訊號，除
非來自離地球很近的星球。因此，眼下可能有很像
人類的智能物種居於數百萬顆行星，分散在銀河
系各處，如果這些行星都有像人類這樣的SETI計
畫，則所有智能生命都將探測不到任何東西。他們
和我們一樣，會說：「大家到底在哪裡？」

　　研究者認為SETI可行，是基於這個假設：智
能生命刻意創造出強勁的訊號，以便遠方的智能生
命能探測到。我們也有可能探測到不是要發給我們
的訊號，也就是剛好遇上目標明確的訊號，無意中
接收了星際通訊。不過，SETI基本上假設宇宙間有
智能物種發出強勁的訊號，希望藉此將其存在告知
其他智能物種。

　　如果我們也這麼做，那就是體貼的表現。這被
稱為METI，意思是「發訊給外星文明」（messaging
extraterrestrial intelligence）。可能令你驚訝的是，
不少人認為METI是個壞主意，而且可能是有史以
來最壞的主意。這些人擔心，向太空發送訊號，因
此暴露我們的存在，可能引來比我們先進的外星
人，將會屠殺我們、奴役我們、拿我們做實驗，或
是意外使我們感染一種無法抵抗的病毒或細菌。也
許，他們正在尋找可以居住的星球，而最簡單的方
法就是等待像我們這樣的物種舉手說出「這裡。」

無論如何，人類都將因此面臨滅頂之災。

　　這使我想起科技圈第一次創業者很常犯的一種錯誤：擔心有人會竊取他們的構想，因此盡可能保密。但是，幾乎在所有情況下，創業者最好是與任何可能幫助自己的人分享想法，因為那些人也許能為你提供產品和業務方面的建議，以及在許多其他方面幫助你。創業者告訴別人自己在做些什麼，遠比保密更有可能成功。懷疑每個人都想竊取你的點子，是人類的天性（也就是舊腦的本能），但在現實中，如果有人關心你的想法，你就要慶幸了。

　　認為META危險，是基於不大可能成立的一連串假設：假設其他智能生命有星際旅行的能力，也假設他們願意耗費大量的時間和精力來到地球。除非外星人就躲在地球附近，他們要來我們這裡，可能需要幾千年的時間。它假設外星人需要地球或地球上某些東西，而因為這些東西是他們無法靠其他方法得到的，所以他們會認為值得前往地球。它假設外星人雖然掌握了星際旅行的技術，但如果人類沒有向太空廣播自身存在的訊息，他們就沒有技術能夠探測到地球上的生命。最後，它假設這樣一種先進的文明會想要傷害我們，而不是嘗試幫助我們，或至少不傷害我們。

　　關於最後一點，我們可以合理地假設，銀河系其他地方的智能生命，是由非智能生命演化而來

的，就像我們一樣。因此，外星人很可能曾經面臨
與我們今天所面臨的相同類型的存在風險。因為存
在的時間久到能夠發展出星際旅行技術，這些外星
人應該已經以某種方式克服了這些風險。因此，無
論他們現在的大腦是什麼模樣，他們都很可能不再
被錯誤的信念或危險的攻擊性行為支配。雖然沒有
人能保證情況一定如此，但這種外星人不大可能會
想傷害我們。

　　基於上述原因，我認為我們完全不必害怕
METI。一如新創業者，我們最好是努力告訴世界我
們存在於地球，然後希望宇宙間會有人關心我們。

　　處理SETI和METI的最佳方式，很大程度上取
決於智能物種通常存活多久。這種情況有可能發生
在我們的星系中：智能物種已經出現過數百萬次，
但幾乎不曾有兩個智能物種同時存在過。打個比
方：有場晚間派對邀請了五十個人參加，每個人到
達現場的時間是隨機選擇的。他們到了之後，就打
開門走進去。他們看到派對進行中或一個空房間的
可能性有多大？這取決於每一個人停留多久。如果
人人都只停留一分鐘，那麼幾乎所有出現的人，都
會看到一個空房間，並斷定沒有其他人來參加派
對。如果人人都停留一兩個小時，派對就會很成
功，同一時間會有很多人在現場。

　　我們不知道智能物種通常存活多久。銀河系約

有130億年的歷史，假設它有約100億年的時間，有能力支持智能物種的存在，這就是我們那場派對的持續時間。如果我們假設人類作為一個技術物種生存了一萬年，那麼我們就像出席一場歷時六小時的派對，但只停留了五十分之一秒。即使有數以萬計的其他智能物種出席同一場派對，我們出席派對期間很可能不會看到任何其他人，只會看到一個空房間。如果我們期望在我們的星系中發現智能物種，則智能物種必須經常出現，而且存在很長時間。

　　我估計，外星生命是常見的。光是銀河系，能支持生命存在的行星，估計就有約400億顆，而地球上的生命出現於數十億年前，在地球形成後不久就出現。如果地球的情況有代表性，生命在我們的星系中就應該是普遍存在的。

　　我也相信，許多有生命的星球，最終會演化出智能物種。我先前提出了這個想法：智能是基於大腦的機制，而這些機制最初演化出來，是為了移動我們的身體和識別我們去過的地方。因此，一旦有多細胞動物在活動，出現智能或許就不是那麼不可思議的事。但是，我們有興趣的是懂物理學的智能生物，他們掌握先進技術，能向太空發射訊號，也能接收來自太空的訊號。在地球上，這種情況只發生過一次，而且是最近才發生的。我們根本沒有足夠的資料去估算像我們這樣的物種有多普遍，但我

的猜測是：如果你只看地球的歷史，很可能會低估了技術物種出現的頻率。我對我們的星球花了那麼久才出現先進技術感到驚訝，例如我認為在一億年前恐龍漫遊於地球時，技術先進的物種已經大有理由出現。

無論技術先進的物種有多普遍，此類物種可能無法存活很長時間。銀河系中其他地方的技術先進物種，很可能會遇到與我們所面臨的類似問題。地球上失敗文明的歷史——以及我們正在製造的存在威脅——告訴我們，先進的文明可能不會存在很久。當然，像我們這樣的物種，有可能想出生存數百萬年的辦法，但我認為這種可能性不大。

此中涵義是：技術先進的智能物種在銀河系中，可能已經出現過數百萬次。但當我們遙望星空時，不會找到智能生物等著與我們對話。我們看到的是曾有智能物種存在，但現在沒有的星球。「大家到底在哪裡？」這個問題的答案是：他們已經離開了派對。

有一種方法可以避開所有這些問題，有一種方法可以發現我們星系中的智能生命，甚至是其他星系中的智能生命。想像一下，我們創造一個訊號，向外示意我們曾經存在於地球。這個訊號必須夠強，以便在很遠的地方也能探測到，而且必須持續很久，在我們消失很久之後仍然存在。創造這樣

一個訊號，就像在派對上留下一張名片，上面寫著「我們曾經在這裡。」後來出現的人不會找到我們，但會知道我們曾經存在過。

這暗示我們應該換一種方式思考SETI和METI。具體而言，我們應該先集中精力，設法創造一個持久的訊號。我說的持久，是指十萬年或數百萬年，甚至十億年。訊號持續越久，成功的可能性就越大。這個構想還有一個很好的衍生好處：一旦我們知道如何創造這樣的訊號，我們就知道自己要發現外星文明應該尋找什麼訊號。其他智能生命很可能會得出與我們相同的結論，也會設法創造持久的訊號。我們知道怎麼做之後，就可以開始尋找其他智能物種創造的這種訊號。

目前，SETI尋找的是含有特定模式的無線電訊號，那些模式顯示訊號是智能生命發出的。例如，一個重複 π 的前20個數字的訊號，無疑是由某個智能物種創造的。我想，我們可能永遠找不到這種訊號。它假定銀河系其他地方的智能生命，建立了強大的無線電發射器，並利用電腦和電子技術，在訊號中置入某種代碼。我們自己曾經短暫做過幾次這種事，這需要一整套指向太空的大型天線、電能、人和電腦。由於我們發射的訊號僅持續很短的時間，這種努力基本上是象徵性的，並不是認真嘗試接觸銀河系中其他地方的智能物種。

利用電力、電腦和天線來廣播訊號的問題是：
這種系統無法運作很久。天線、電子器材、電線之
類的東西，如果無人維護，連持續運作一百年都辦
不到，遑論一百萬年。我們用來示意人類曾經存在
的方法，必須是強大的、指向四面八方的，以及自
我維繫的。一旦啟動，必須在完全不需要維護或外
力介入的情況下，可靠地運行數百萬年。恆星就是
這樣，一顆恆星誕生之後，會釋出大量能量，持續
數十億年。我們希望找到類似的東西，向外示意人
類曾經存在，但它必須是智能物種介入才有可能出
現的。

　　天文學家在宇宙中，發現了許多奇怪的能量來
源，例如它們會振盪、旋轉或產生短爆發。天文學
家為這些不尋常的訊號尋找自然解釋，而且通常能
找到。也許有一些至今無法解釋的現象並不是自然
的，而是我說的那種訊號，是智能物種創造的。真
是這樣就好了，但我懷疑事情不會那麼簡單。更有
可能的情況是，物理學家和工程師將必須研究這種
問題一段時間，想出一套或許可行的方法，來創造
一個強大的、自我維繫的、無疑源自智能物種的訊
號。這種方法也必須是我們可以付諸實行的。例
如，物理學家可能設想利用一種新能源產生這種訊
號，但如果我們自己沒有能力創造這種能源，就應
該假定其他智能物種也不能，然後繼續尋找可行的

方法。

　　多年來，我一直琢磨這個問題，一直留意可能符合要求的方法，最近注意到一個潛在方案。目前，天文學最令人興奮的領域之一，是發現圍繞其他恆星運行的行星。直到不久之前，我們還不知道行星是常見的還是罕見的，我們現在知道答案了：行星是常見的，而且多數恆星都有多顆行星，一如我們的太陽系。我們知道這一點，主要是靠一顆行星在遙遠的恆星和我們的望遠鏡之間經過時，偵測到星光稍微減弱。我們可以利用同一個基本概念，向外示意人類的存在。例如，想像一下，如果我們將一組物體送入軌道，使它們以一種不會自然發生的模式擋掉一些陽光。這些軌道上的陽光阻擋器，將持續圍繞太陽運行數百萬年，在人類滅絕很久之後，仍可在很遠的地方探測到。

　　我們已經掌握建立這類陽光阻擋器系統的技術，但或許有更好的方法可以向外示意人類的存在。我無意在這裡評估我們的選項，純粹想提出下列看法。第一，我們的星系可能已經演化出智能物種數千或數百萬次，但我們不大可能發現自己與其他智能物種同時存在。第二，如果我們只尋找需要發送者持續參與的訊號，SETI將不大可能成功。第三，METI不但是安全的，還是我們在銀河系尋找其他智能生命所能做的最重要一件事。我們首先必

須確定，我們如何能以一種持續數百萬年的方式，向外示意人類的存在，然後才會知道探測外星文明應該尋找什麼訊號。

維基地球

設法使遙遠的文明能知道我們曾經存在，是一項重要的優先目標。但對我來說，人類最重要的東西，是我們的知識。我們是地球上唯一掌握關於宇宙的知識、知道宇宙如何運行的物種。知識是稀罕的，我們應該致力保存知識。

假設人類滅絕了，但地球上其他生物繼續生存下去。很久以前，恐龍和許多其他物種滅絕了，估計是因為有顆小行星撞擊地球，但有些小動物生存了下來。六千萬年後，其中一些倖存者演化成為人類。這是確實發生過的事，也有可能再次發生。想像一下，未來某個時候，因為一場天災或我們所做的事，人類滅絕了，其他物種得以倖存。然後五千萬年後，地球上又演化出一個高級智能物種。這個物種無疑會想盡可能多知道關於早已消失的人類時代的一切，會特別想知道我們的知識範圍，以及我們遇到了什麼事。

如果人類滅絕了，那麼只需要約一百萬年，所有關於人類生活的詳細紀錄都很可能消失。我們的一些城市和大型基礎設施，將會留下埋在地下的遺

跡，但人類幾乎所有的文件、電影和錄音都將不復存在。未來的非人類考古學家將努力拼湊人類的歷史，就像今天的古生物學家努力研究恐龍的命運那樣。

作為人類遺產計畫的一部分，我們可以用一種較為永久的形式保存我們的知識，一種可以保存知識數千萬年的形式。我們有幾種方法可以做到這一點，例如我們可以持續更新像維基百科這樣的知識庫。維基百科本身是不斷更新的，所以它將記錄重要事件，直到我們的社會開始崩解；它涵蓋廣泛的主題，而存檔過程可以自動化。這個備份資料庫不應該放在地球上，因為地球可能在某個事件中被部分摧毀，而經過數百萬年的時間，幾乎沒什麼可以保存完整。為了克服這個問題，我們可以把這個資料庫放在一組環繞太陽運行的衛星上；如此一來，這個資料庫容易被發現，但很難修改或摧毀。

這個基於衛星的資料庫，將設計成我們可以向它發送自動更新檔，但內容無法刪除。衛星上的電子裝置，在我們消失後不久就會停止運作，因此為了讀取檔案，未來的智能物種將必須開發出先進技術，以便取得那個資料庫，把它帶回地球讀取資料。我們可以利用不同軌道上的多顆衛星，多做幾個備份。我們現在就已經有能力創建基於衛星的資料庫和讀取資料。想像一下，如果地球上以前某個智能物種留下了這樣一組衛星，那麼我們應該已經

發現，並且已經把它們帶回地球上。

　　本質上而言，我們創造了一種時光膠囊，其內容在數百萬年或數億年後仍可讀取。在遙遠的未來，智能生命——無論是地球上演化出來的，還是來自其他星球——可能會發現這個膠囊，讀取內容。我們不會知道我們留下的資料庫是否會被發現，但遺產計畫本質上就是這樣。無論如何，如果我們做了這件事，而且未來真的有智能生物讀取其內容，想像一下他們會有多感激我們。你只須想一想，如果我們自己發現了這樣一組時光膠囊，我們會有多興奮？

　　人類的遺產計畫與個人的遺產計畫相似。我們希望我們這個物種可以永遠生存下去，而也許真的可以。但明智的做法是制定一個計畫，以免在奇蹟沒有發生時不知所措。我已經提出了我們可以致力實踐的幾個構想。一個是建立資料庫，保存我們的歷史和知識，以便地球上未來的智能物種認識人類，了解我們的知識、我們的歷史，以及我們的最終遭遇。另一個是創造一個持久的訊號，告訴其他時空的智能生命，有智能的人類曾經生活在太陽這顆恆星的其中一顆行星上。創造這種持久訊號的美妙之處，在於它可能在短期內引導我們發現在我們之前的智能物種。

　　不過，這種事是否值得我們投入時間和金錢？

我們集中所有力量改善地球上的生活，是否更好一些？短期投資與長期投資之間總是有摩擦。短期問題比較迫切，投資於未來往往無法帶來即時的好處。每一個組織——無論是政府、企業或家庭——都面臨這種難題。但是，不作長期投資的後果，是未來必將失敗。就人類遺產計畫而言，我認為這種投資，可以帶給我們幾方面的近期好處：它將使我們更清楚意識到我們面臨的存在威脅；它將使更多人思考我們作為一個物種的行為的長期後果；而且，如果我們最終失敗了，它將賦予我們的生命一種意義。

16
基因vs.知識

「舊腦 新腦」是本書第1章的標題，也是本書的一個基本主題。如前所述，舊腦占我們大腦的30％，由許多不同部分組成。這些舊腦區域控制我們的身體機能、基本行為，以及情緒。這些行為和情緒中，有一些導致我們好鬥、暴力、貪婪，使我們撒謊和騙人。我們每個人都或多或少具有這些傾向，因為它們在演化中證實對傳播基因很有用。我們70％的大腦是新腦，它只有新皮質這個東西。新皮質習得一個世界的模型，正是這個模型使我們具有智能。智能在演化中出現，是因為它也對傳播基因有用。我們在此扮演的角色是基因的僕人，但舊腦與新腦之間的力量平衡，已經開始改變。

數百萬年來，我們的祖先對我們的星球和更廣闊的宇宙知之甚少，只認識他們可以親自體驗的東

西。他們不知道地球有多大，也不知道它是一個球
體。他們不知道太陽、月亮、行星和恆星是些什
麼，也不知道它們為什麼以那種方式在空中移動。
他們不知道地球的年紀，也不知道地球上的各種生
命形態是怎麼來的。我們的祖先對人類存在的最基
本事實相當無知，他們編了關於這些奧祕的故事，
但這些故事不是真的。

　　最近，我們利用我們的智能，不但解開了困擾
我們祖先的謎團，還以越來越快的速度創造科學發
現。我們知道宇宙大得不可思議，也知道我們渺小
得不可思議。我們現在知道，我們的星球有數十億
年的歷史，而地球上的生命也已經演化了數十億
年。幸運的是，整個宇宙似乎遵循一套規律運行，
而我們已經發現其中一部分。我們看來很有可能發
現所有的規律。世界上有數百萬人正積極致力於科
學發現，還有數十億人覺得自己與這使命息息相
關。這是一個令人非常興奮的時代。

　　但是，我們有個問題，可能迅速終止我們進展
良好的科學發現，甚至可能導致我們整個物種滅
絕。我之前解釋過，無論我們變得多聰明，我們的
新皮質仍與舊腦相連。隨著我們的技術變得越來越
強大，舊腦自私和短視的行為，可能導致我們滅
絕，或使我們陷入社會崩潰的窘境，面臨另一個黑
暗時代。加重此一風險的是，至今仍有數十億人對

生命和宇宙的最基本方面，抱持錯誤的信念。病毒型錯誤信念，是危及人類存在的另一個行為來源。

　　我們面臨一種兩難。「我們」——新皮質中關於我們自己的模型，那個有智能的我們——被困住了。我們被困在一個身體裡，而身體不但被設定為必將死亡，還在很大程度上，受到無知和獸性的舊腦控制。我們可以運用智能來想像一種更好的未來，也可以採取行動去實現我們渴望的未來，但舊腦有可能毀掉一切。它產生的行為，在過去有助基因複製，但許多這些行為並不可愛。我們雖然嘗試控制舊腦那些導致破壞和分裂的衝動，但迄今未能完全做到。地球上許多國家眼下仍由專制獨裁者統治，而他們的動機基本上是受舊腦支配，不外乎追求財富、性，以及雄性首領式主導地位。支持專制者的民粹運動，也是基於種族主義和仇外心理之類的舊腦特徵。

　　我們應該如何處理這類問題？在上一章，我討論了萬一人類無法避免滅絕，我們可以如何保存知識。在這最後一章中，我將討論可能用來防止我們滅絕的三種方法。第一種方法在我們不修改自身基因的情況下可能行得通，也可能行不通；第二種方法是基於修改基因；第三種方法則完全放棄我們的生物基礎。

　　你可能會覺得這些想法很極端。但是，請問問

你自己：你活著，是為了什麼？我們為生存而掙扎時，是想保存什麼？在過去，活著總是為了保存和複製基因，無論我們是否意識到這一點。但未來還應該是這樣嗎？我們是否可以改變想法，改為重視智能和保存知識。如果我們作出這樣的選擇，那麼我們今天覺得極端的事，未來或許就是合理之舉。在我看來，我在這裡提出的三個想法是可行的，而且人類在未來很可能將致力付諸實行。它們現在可能看似不大可能發生，就像手持式電腦在1992年看似不大可能流行那樣。我們只能讓時間告訴我們，這些想法是否真的可行。

成為一個多星球物種

　　我們的太陽終將死亡，屆時太陽系所有的生物也會死亡。不過，與我們有關的多數滅絕事件，將是僅發生在地球上。例如，如果一顆相當大的小行星撞擊地球，或是一場核戰使得地球變得無法居住，地球附近的其他行星將不會受到影響。因此，降低滅絕風險的方法之一，是人類成為一個雙星球物種。如果我們能在月球或另一顆行星上建立永久的根據地，那麼即使地球變得無法居住，我們這個物種和我們積累的知識，或許就能逃過滅絕的命運。這種思路是目前送人上火星的努力背後的驅動力之一，火星看來是在地球以外建立人類殖民地的

最佳選擇。我覺得，人類可能前往其他行星真是令人興奮。我們已經很久沒有去未知的新地方旅行了。

在火星上生活的主要困難，是火星的生活條件很差。火星的空氣不適合人類呼吸，短暫暴露在火星大氣中就足以致命；如果你在火星的房子屋頂漏氣或窗戶破損，屋裡所有人可能會死掉。火星上的太陽輻射比地球上的強烈，這也是居於火星的一個重大風險，因此你將必須持續保護自己免受太陽傷害。火星的土壤是有毒的，而且沒有地表水。說真的，住在南極比住在火星容易得多，但這不代表我們應該放棄殖民火星的想法。我相信我們可以在火星上生活，但要做到這件事，需要一些我們目前還沒有的東西，我們也需要自主運作的智能機器。

人類要在火星上生活，必須有密閉的大型建築物，可用來居住和種植糧食。我們將需要從礦井中取得水和礦物，並製造空氣來呼吸。我們最終將必須改造火星，使它的空氣變得像地球那樣適合人類呼吸。這些是巨大的基礎建設計畫，可能需要數十年或數百年才能完成。在火星變得自給自足之前，我們將必須從地球送去人類在那裡需要的一切，包括食物、空氣、水、藥物、工具、建築設備、材料，以及人──大量的人。所有的工作都將必須穿著笨重的太空衣完成。建造宜居的環境和所有必要的基礎設施，藉此在火星上為人類建立一個自給自

足的永久殖民地，是極其艱難的事。此事涉及的人
命損失、心理傷害和經濟代價將是巨大的，可能超
過我們願意承受的水準。

　　不過，殖民火星的準備工作，或許不必由人類
工程師和建築工人前往火星完成，而是可以派出智
慧型機器人去做。它們將從太陽獲得能量，可以在
戶外工作，不需要食物、水或氧氣。它們可以沒日
沒夜地工作，不會疲累，也不會有情緒壓力，直到
使火星可以讓人類安全居住為止。這些營建機器人
基本上將必須自主工作，因為如果他們必須與地球
持續溝通，進展將會太慢。

　　我從來不是科幻文學的粉絲，但上述情境無疑
很像科幻小說的情節。不過，我認為我們沒有理由
不能這麼做，而且如果我們想成為一個多星球物
種，我相信我們別無選擇。人類要在火星上長期生
活，需要智慧型機器幫助我們。關鍵要求是：賦予
火星營建機器人相當於新皮質的東西。這些機器人
必須使用複雜的工具，操作材料，解決意料之外的
問題，以及相互交流，就像人類那樣。我認為，我
們做到這件事的唯一辦法，就是完成新皮質的逆向
工程，然後創造出矽版新皮質。自主運作的機器人
需要一個聰明的大腦，其運作原理必須是基於我在
本書提出的千腦智能理論。

　　創造真正的智慧型機器人是可以做到的，我確

信它會發生。我認為，如果我們把它當成優先事項，我們可以在數十年內做到這件事。幸運的是，即使只考慮我們在地球上的需要，我們也有足夠多的理由致力創造智慧型機器人。因此，即使我們不把它當成國家或國際層面的優先事項，市場力量最終也將出資支持機器智能和機器人技術的開發。我希望世界各地的人們將會明白，人類成為一個多星球物種是個令人興奮的目標，對我們的生存非常重要，而智慧型營建機器人是實現這個目標的必要條件。

即使我們創造出智慧型機器人勞工，成功改造了火星的空氣，建立了人類殖民地，我們仍將受一個問題困擾。前往火星的人，與地球上的人一樣，都有一個舊腦，因此將受舊腦影響，製造出各種複雜情況和風險。生活在火星上的人類將會爭奪地盤，基於錯誤的信念作出決定，以及很可能將製造出危及火星居民存在的風險。

歷史經驗告訴我們，生活在火星上的人與生活在地球上的人，最終將陷入爭鬥，危及一方或雙方的存在。例如，想像一下，兩百年後，火星上有一千萬人居住，然後地球上發生了一些不好的事，可能是我們不小心使地球大部分地區被放射性元素汙染，或是地球的氣候開始迅速惡化。屆時會發生什麼事？可能會有數十億地球居民突然想遷居火星。只要稍微發揮一下想像力，你就會明白這種情

況很容易造成對所有人不利的結果。我不想揣測這種後果，但我們必須認識到，人類成為一個多星球物種並不是萬靈丹。人就是人，我們在地球上製造的問題，也會發生在我們居住的其他星球上。

那麼，成為一個多星系物種又如何？如果人類可以殖民其他恆星系統，我們就可以在整個銀河系擴張，我們有些後代可以無限期生存繁衍的機會就會大大增加。

人類有可能進行星際旅行嗎？一方面看似有可能：有四顆恆星距離我們不到 5 光年，有 11 顆恆星距離我們不到 10 光年。愛因斯坦證明了我們不可能加速到光速，所以假設我們的太空航行速度為光速的一半；這樣的話，人類前往鄰近的恆星，可以在十年或二十年內完成。但另一方面，我們目前不知道如何達到這種速度，利用現在掌握的技術，我們要花幾萬年才可以到達最接近的恆星系，而人類不可能作那麼長時間的旅行。

許多物理學家正在思考如何巧妙地克服星際旅行的困難，也許他們會發現接近光速或甚至超越光速的航行方式。兩百年前人類覺得不可能的許多事物，如今是平常不過。想像一下，你在 1820 年的一場科學家會議上告訴與會者，在未來，任何人都可以在幾個小時內，舒適地從一個大洲飛到另一個大洲，任何人都可以看著手上的小裝置，對著它說

話，與世界上任何地方的人面對面交談。當時沒有
人認為這種事真有可能發生，但我們現在都做到
了。未來無疑也會有我們現在無法想像的新突破，
其中之一可能就是實用的太空旅行。儘管如此，我
覺得我可以安心預測，人類的星際旅行不會在五十
年內發生。又如果這件事永遠做不到，我也不會感
到驚訝。

　　我仍主張人類成為一個多星球物種，這將是一
場鼓舞人心的探索歷險，而且可能有助降低人類滅
絕的近期風險。但我們的演化遺產造成的固有風險
和限制仍將揮之不去，即使我們能夠在火星上建立
殖民地，我們或許將必須接受我們永遠無法拓展至
太陽系之外的事實。

　　然而，我們還有其他選擇。它們要求我們客觀
地審視自己，嘗試回答這個問題：關於人類，我們
正致力嘗試保護的是什麼？我將先處理這個問題，
再討論防止人類滅絕的另外兩個選項。

選擇我們的未來

　　從十八世紀末的啟蒙運動以來，我們累積了越
來越多證據，證明宇宙的發展並沒有一隻手在後面
引導。簡單的生物、複雜的生物，以至智能生物的
出現，既不是計畫好的，也不是無可避免的。同樣
地，地球上生命的未來和智能的未來，並不是業已

決定的。宇宙間似乎只有我們關心我們的未來如何
展開，唯一的理想未來是我們渴望的未來。

　　你可能反對這種說法。你可能會說，地球上還
有許多其他物種，當中有些也是有智能的。我們已
經傷害了許多這些物種，並且已經導致一些物種滅
絕。難道我們不應該考慮其他物種「渴望」什麼？
沒錯，但事實不是那麼簡單。

　　地球是動態的。地殼板塊不斷移動，創造出新
的山脈、新的大陸和新的海洋，同時將既有地貌陷
入地球的中心。生命同樣是動態的，物種不斷在
變。我們在基因上與十萬年前的人類祖先不一樣。
雖然變化的速度緩慢，但變化從未停止。如果你這
樣看地球，則試圖保護物種或保護地球是沒有意義
的。我們無法阻止地球最基本的地質特徵改變，也
無法阻止物種演化和滅絕。

　　我最喜歡的活動之一是野外健行，我認為自己
是環保主義者，但我並不假裝環保主義是追求保護
自然。每一名環保主義者都樂於看到一些自然存在
的東西滅絕，例如小兒麻痺病毒，但同時會不遺餘
力去拯救一種瀕臨滅絕的野花。站在宇宙的角度，
這是一種任意的區分；對宇宙來說，小兒麻痺病毒
與野花並無好壞高下之分。我們以自己的最佳利益
為衡量標準，選擇保護哪些東西。

　　環保主義的關鍵，不在於保護自然，而在於我

們作出什麼選擇。環保主義者通常選擇做對未來的
人類有利的事，試圖減緩我們喜歡的事物的變化，
例如嘗試保護荒野，以便我們的後代也能享受這些
東西。也有一些人會選擇把荒野變成露天礦場，以
便他們今天就能得益——這比較像是舊腦的選擇。
宇宙並不在乎我們的抉擇。幫助未來的人還是現在
的人，是我們的選擇。

我們沒有什麼都不做這個選項。作為智能生
命，我們必須作出選擇，而我們的選擇將以某種方
式左右未來的發展。至於地球上的其他動物，我們
可以選擇是否幫助牠們。只要我們還在這裡，就沒
有任由事物「自然」發展這個選項。我們是自然的
一部分，必須作出影響未來的選擇。

在我看來，我們必須作一項重大抉擇，選擇偏
向舊腦或偏向新腦。較具體而言，我們是希望我們
的未來受天擇、競爭和自私的基因所驅動（我們藉
由這些過程走到現在），還是受智能和它理解世界的
渴望所驅動？我們的未來可以是以創造和傳播知識
為主要驅動力，也可以是以複製和傳播基因為主要
驅動力，而我們有機會在這兩種未來之間作出選擇。

為了能夠作出這種選擇，我們必須有能力藉由
操控基因來改變演化的進程，以及有能力創造非生
物形式的智能。我們已經掌握了前一種能力，而後
者看來可在不久之後掌握。這些技術的運用，引起

了倫理爭論。我們是否應該操控其他物種的基因，改善我們的食物供應？我們是否應該操控我們自己的基因，「改善」我們的後代？我們是否應該創造比我們更聰明和能幹的智慧型機器？

或許，你對這些問題早有自己的看法。你可能認為這些事情是好的，也可能認為它們不道德。無論如何，我認為討論我們的選項並無任何壞處。仔細審視我們的選項，將有助我們作出明智的決定，無論我們選擇做什麼。

成為一個多星球物種，是為了防止我們滅絕，但這仍是一種基因主宰的未來。我們可以作出怎樣的選擇，以便有利於知識的傳播，而不是基因的傳播？

修改我們的基因

我們最近開發出精確編輯DNA分子的技術。不久之後，我們將能像建立和編輯文字檔案那樣，精確、輕鬆地創建新的基因組和修改既有的基因組。編輯基因的潛在好處是巨大的，例如我們有望消除使無數人受苦的遺傳疾病。不過，同樣的技術也可以用來設計全新的生命形式，或修改我們的孩子的DNA——例如使他們成為更好的運動員或顯得更有吸引力。我們會認為這種操作沒問題還是非常可惡，基本上取決於應用脈絡。修改我們的DNA以便顯得更有吸引力似乎沒有必要，但如果

編輯基因是為了使我們這個物種免於滅絕，那麼就是必要的。

例如，假設我們決定在火星上建立一個殖民地，作為我們這個物種長期生存的一個保險方案，然後很多人報名移民火星。但我們接著發現，由於火星的重力顯著較低，人類無法在火星上長期生活。我們已經知道，在國際太空站的零重力環境中度過幾個月會導致健康問題。也許人類在火星的低重力環境下生活十年後，身體會開始衰竭和死亡。如此一來，安排一些人永久居於火星，似乎就不可能做到。假設我們可以藉由編輯人類基因組來解決這個問題，DNA經修改的人可以在火星上無限期生活，我們是否應該容許人們和他們的孩子接受基因編輯，以便能在火星上生活？願意前往火星的人，本來就接受了可能危及性命的風險，而且人類在火星上生活，基因無論如何都會慢慢改變。那麼，為什麼不容許那些人選擇編輯自己的基因呢？如果你認為這種形式的基因編輯應該禁止，那麼如果地球變得無法居住，而你繼續生存的唯一方法是遷往火星，你會改變你的想法嗎？

現在想像一下，我們學會了如何修改我們的基因以消除攻擊性行為，以及使人變得比較利他，我們應該容許這種操作嗎？想一想：我們甄選太空人時，會選那些自然具有這些特徵的人。我們這麼做

是大有道理的：這可以提高太空任務成功的可能性。如果將來我們要送人到火星上生活，我們很可能會做類似的甄選。我們不是會優先考慮情緒穩定的人，捨棄那些脾氣暴躁、曾有攻擊行為紀錄的人嗎？在火星上，粗心或暴力的一次行為，就可能足以殺死整個社群；在這種情況下，已經在火星上生活的人，難道不會要求新來的人通過某種情緒穩定測試嗎？如果我們可以藉由編輯DNA成就更好的公民品格，火星上的既有居民可能會堅持利用這種技術。

再考慮一個假設性情況：有些魚被凍結在冰裡之後還可以活下去，如果我們能修改我們的DNA，使人類也可以冷凍起來，在未來某個時候解凍後正常生活下去，那會如何？我可以想像，很多人會想把自己的身體冷凍起來，然後一百年後再醒過來。生命中的最後十年或二十年，可以選擇在未來某個時候度過，無疑是令人興奮的。我們會容許這種操作嗎？如果這種改造將使人類得以前往其他恆星系呢？即使這種旅行需要數千年的時間，我們的星際旅行者可以在出發時冷凍起來，然後在到達目的地時解凍。這種旅行將不缺自願參與的人。我們是否有理由禁止使這種旅行變得可行的DNA修改？

在某些情況下，我們可能認為為了最佳個人利益，我們的DNA應該接受重大修改，而我可以想

出許多這種情況。這當中沒有絕對的對或錯，只有我們可以作出的選擇。如果有人說，我們原則上應該永遠禁止DNA編輯，那麼無論他們是否意識到，他們都是選擇了最有利於我們的既有基因、通常也就是最有利於病毒型錯誤信念的一種未來。藉由選擇這樣的立場，他們是在消除可能最有利於人類和知識長期存活的選擇。

　　我並不是主張我們應該在沒有監督或不經深思的情況下編輯人類的基因組，而且我所描述的一切都不涉及脅迫，絕對不應該有任何人被迫去做任何這種事。我只是指出，基因編輯是可以做到的，我們因此可以選擇如何運用這種技術。我個人是不明白，為什麼無嚮導的演化道路會比我們自己選擇的道路更可取。我們可以感謝演化歷程使我們走到這裡，但既然我們已經走到這裡，可以選擇運用智能控制未來的走向。如果我們這麼做，我們這個物種的存活可能會更有保障，而我們的知識也就沒有那麼容易煙消雲散。

　　藉由編輯人類DNA所設計的未來，仍是一種生物性的未來，其可能性因此受限。例如，我們目前不清楚編輯DNA可以幫助我們做到哪些事。編輯我們的基因組，是否可能使未來的人類能夠進行星際旅行？是否可能使未來的人類在遙遠的行星前哨不會互相殘殺？沒有人知道。我們目前沒有足夠

的DNA知識，因此無法預測哪些事情可能做到、哪些不可能。如果我們發現，我們可能想做的某些事情理論上不可能做到，我也不會感到驚訝。

接下來，來談我們的最後一個選項。它可能是保存知識和智能最可靠的方法，但也可能是最困難的。

離開達爾文的軌道

我們的智能要擺脫舊腦和生物基礎的控制，終極辦法是創造出像我們一樣聰明、但不依賴我們的機器。它們將是有智能的行為者，有望衝出太陽系，並且比我們存活得更久。這些機器將會掌握我們的知識，但不會有我們的基因。如果人類在文化上倒退，例如進入一個新的黑暗時代，又或者我們滅絕了，我們的智慧型機器後代，將在沒有我們的情況下存活下去。

我對於使用「機器」一詞有所猶豫，因為它可能使人想到桌子上的電腦、人形機器人，或科幻故事中的某種邪惡角色。如前所述，我們無法預料智慧型機器未來的模樣，一如電腦的早期設計者無法想像未來的電腦模樣。在1940年代，沒有人能想像電腦可以比米粒還小，小到可以嵌入幾乎所有東西中。他們也無法想像隨處可用但不知確實位於何處、功能強大的雲端電腦。

同樣道理，我們無法想像未來的智慧型機器會

是什麼模樣，或者它們將用什麼材料製造，所以我們就不要去揣測，以免限制了我們對什麼事情有可能的想法。我們不如討論一下我們可能會想創造能夠自行前往其他恆星系的智慧型機器的兩個原因。

目標1：保存知識

　　在上一章，我描述了我們可以如何將知識保存在一個繞太陽運行的資料庫中，我稱之為「維基地球」。我描述的資料庫是靜態的，就像一座漂浮在太空中的實體書圖書館。我們創造它，是為了保存知識，希望未來有智能物種發現，並且找到辦法讀取內容。但是，如果沒有人類積極維護，這個資料庫會慢慢損壞。維基地球不會自我複製、不會自我修復，因此是暫時的。我們雖然會把它設計成非常長壽，但在遙遠未來的某個時候，其內容將不再可以讀取。

　　人類的新皮質也像一座圖書館，含有關於世界的知識。但與維基地球不同的是，新皮質會將它的知識轉移給其他人類，藉此複製它所知道的東西。例如，我寫這本書，就是希望將我知道的一些東西轉移給其他人，譬如你。這確保了知識的散播：失去任何一個人，都不會導致知識永久損失。保存知識的最可靠方法，就是不斷複製。

　　因此，創造智慧型機器的目標之一，就是複製

人類已經在做的事：藉由製造和分發副本來保存知識。我們希望利用智慧型機器做這件事，因為它們可以在我們消失很久之後繼續保存知識，而且可以將知識傳播到我們無法到達的地方，例如其他恆星系。與人類不同，智慧型機器有望緩慢地拓展至整個銀河系，有望與宇宙中其他地方的智能生物分享知識。想像一下，如果我們發現有個知識和銀河系歷史的寶庫，已經來到了我們的太陽系，我們會多麼興奮。

在關於人類遺產規劃的上一章中，我闡述了維基地球的構想，以及創造一個持久的訊號，向外示意我們這個智能物種曾經存在於太陽系的想法。這兩者結合起來，或許就能引導其他智能生物來到我們的太陽系，然後發現我們的知識庫。我在本章提出的是達成類似結果的另一種方式：與其引導外星人發現我們在太陽系的知識庫，不如將我們的知識和歷史的副本發送到銀河系各處。無論是前者還是後者，有智能的東西都將必須在太空中長途旅行。

一切都會磨損。智慧型機器在太空中旅行時，有些會損壞、丟失或無意中被摧毀。因此，我們的智慧型機器後代必須能夠自我修復，必要時還要能夠複製自己。我知道這會嚇到那些擔心智慧型機器控制世界的人，正如我之前解釋，我不認為我們必須擔心這類問題，因為多數智慧型機器將無法複製

自己。但在我們設想的這種情境中，智慧型機器必須能夠複製自己。不過，由於智慧型機器的自我複製非常困難，這會是我們的設想可能無法實現的主要原因。想像一下，少數智慧型機器在太空中旅行，數千年後，它們到達另一個恆星系，發現那裡的行星幾乎都沒有生物，只有其中一個上面有原始的單細胞生物。如果數十億年前有人到訪我們的太陽系，他們會發現情況正是這樣。現在，假設這些智慧型機器認為他們有兩個成員必須更換，此外必須創造一些新的智慧型機器，送去另一個恆星系，它們可以如何做到這件事？例如，如果這些機器是用矽晶片製造的，就像我們用矽晶片製造電腦那樣，它們是否需要建立矽晶片製造廠和所有必要的供應鏈？這可能是不可行的。也許，我們將學會創造特別的智慧型機器，能夠利用普通元素複製，就像地球上的碳基生命那樣。

我不知道如何克服星際旅行涉及的許多實際問題，我也想重申，我們不應該太關注未來智慧型機器的物質形態，也許會有辦法利用我們尚未發明的材料和方法製造智慧型機器。目前比較重要的是討論目標和概念，以助我們決定這是不是我們在做得到的情況下會選擇去做的事。如果我們認定，派出智慧型機器去探索銀河系和傳播知識是我們想做的事，我們或許將能想出辦法克服障礙。

目標2：獲取新知識

如果我們創造出有星際旅行和自我維繫能力的智慧型機器，它們會發現新的東西。它們無疑會發現新類型的行星和恆星，還將發現我們現在無法想像的東西。也許，它們將會解開宇宙的深層奧祕，例如宇宙的起源或命運。這就是探索的本質：你不知道你會學到什麼，但你會學到一些東西。如果我們派出人類去探索銀河系，我們會期望他們有所發現。在許多方面，智慧型機器的發現能力將比人類更強，它們的大腦會有更強大的記憶、更快的工作速度，以及新的感測器。它們將會是比我們更好的科學家，如果智慧型機器四出探索銀河系，它們將使我們對宇宙的認識不斷增加。

一個有目標和方向的未來

長期以來，人類一直懷有星際旅行的夢想。為什麼？

原因之一是為了散播和保存我們的基因。這是基於這個概念：一個物種的命運，是不斷地探索新的地方，盡可能到處建立群落。我們過去一再這麼做，翻山越嶺、漂洋過海去建立新的社會。這對我們的基因有利，我們因此被設定為渴望探索。好奇是我們的舊腦的一種特質，我們很難抗拒探索的誘惑，即使不探索會比較安全。如果人類前往其他星

球，那只是我們一直在做的事情的延伸，是為了將我們的基因，傳播到我們力所能及的所有地方。

第二個原因，正如我在本章提出的，是為了擴展和保存我們的知識。這種思路是基於這個假設：我們這個物種之所以重要，是因為我們的智力，而不是我們的基因。因此，我們應該前往其他星球去學習更多知識，以及為未來保存我們的知識。

但這會是一個更好的選擇嗎？延續一直以來的生存方式，有什麼不好呢？我們可以忘掉保存知識或創造智慧型機器涉及的種種困難，迄今為此地球上的生活相當不錯，如果人類不能前往其他星球又如何？何不就如常生活下去，盡可能享受尚未結束的派對？

這是個合理的選擇，而且我們最終或許只能這麼做。但我想說明，為什麼我認為知識勝過基因，兩者有根本上的差別。在我看來，這個差別使得保存和傳播知識，比保存和傳播我們的基因更值得我們追求。

基因只是一些會複製的分子，在演化中並沒有朝任何特定方向發展，本質上沒有優劣之分，一如化學分子在本質上沒有優劣之分。有些基因可能更善於複製，但隨著環境改變，哪些基因更善於複製也不時改變。重要的是，這些變化沒有整體方向。基於基因的生命，沒有方向或目標。生命可以表現

為一種病毒、一種單細胞細菌或一棵樹，但除了複製能力可能有差，我們似乎沒有任何理由認為某種生命形式好過另一種。

知識與基因不同，知識既有方向，也有最終目標。且以關於重力的知識為例，在不是很遙遠的過去，沒有人知道為什麼東西會往下掉，而不是向上飛起。牛頓創造了關於重力的首個有效理論，他提出這是一種普遍的力，並且證明其表現遵循一套可用數學表達的簡單規律。牛頓提出創見之後，我們永遠不會回到沒有重力理論的時代。愛因斯坦對重力的解釋比牛頓的更好，我們永遠不會倒退回只有牛頓理論的時代。當然，這不是說牛頓錯了，他的方程式仍準確描述了我們日常經歷的重力。愛因斯坦的理論吸收了牛頓的理論，更好地描述了不尋常條件下的重力。知識有方向。關於重力的知識，從空白的狀態發展到牛頓的理論，再發展到愛因斯坦的理論，但不能反向而行。

除了有方向，知識也有最終目標。最早的人類探險家，不知道地球有多大。無論他們走了多遠，眼前總是還有更多地方。地球是無限的嗎？抑或世界有個盡頭，向前再走一步，就會掉出去？沒有人知道。但是，這種探索有個最終目標：人們假定地球有多大這個問題是有答案的。我們最終解開了這道謎題，答案出人意表：地球原來是個球體，現在

我們知道地球有多大了。

我們現在面臨類似的謎團：宇宙有多大？它會永遠存在嗎？是否有一個邊緣？是否像地球那樣，把自己捲成一團？是否有許多個宇宙？此外，我們還有許多東西不清楚，例如：時間是什麼？生命是如何開始的？智能生命有多普遍？解答這些問題是我們的一個目標，而從歷史經驗看來，這是我們做得到的。

由基因驅動的未來，幾乎沒有方向，只有短期目標：保持健康，生兒育女，享受生活。以知識為重心的未來，既有方向，也有最終目標。

好消息是：我們並非只能選擇其中一種未來，兩者兼得是有可能的。我們可以繼續在地球上生活，盡最大努力維持宜居的環境，努力保護自己不受人類最惡劣行為的傷害。與此同時，我們可以投入資源，確保知識得以保存，而且在人類消失之後，智能得以延續。

我寫這本書的第三部，即最後五章，是為了說明為何知識高於基因。我請大家客觀看待人類。我請大家看清，我們如何作出糟糕的決定，以及為什麼我們的大腦容易受到錯誤信念的影響。我請大家重視，知識和智能勝於人類的基因和生物基礎——因此知識和智能值得我們致力保護，而且並非僅限於它們目前的家園，即在我們的生物大腦裡。我請

大家考慮人類後代基於智能和知識的可能性；這些
後代可能與基於基因的後代同樣寶貴。

　　我想再次強調，我不是想告訴大家必須怎麼
做。我是希望能夠鼓勵大家討論，我指出我們認為
倫理上確定的一些事，其實是我們的選擇，並且提
醒大家注意一些沒有獲得應有重視的想法。

　　最後，我想回到當下。

結語
我寫這本書的目的

有個景象每次想起都使我覺得趣味無窮。我想像浩瀚的宇宙,有數千億個星系,每個星系有數千億顆恆星,每顆恆星有多顆行星圍繞著,行星的種類多不勝數。我想像以兆計的這些巨大天體,在浩瀚的太空中緩慢地相互繞行,持續數十億年。令我驚奇的是,宇宙中唯一知道這件事的東西——唯一知道宇宙存在的東西——就是我們的大腦。如果不是有大腦,就不會有任何東西知道任何東西的存在。這引出我在本書開頭提到的問題:如果沒有人對某事物有所知,我們能說該事物存在嗎?我們的大腦扮演如此獨特的角色,實在令人著迷。當然,宇宙中其他地方可能也有智能生命,但這只是令思考這一切變得更有趣。

思考宇宙和智能的獨特性,是我想研究大腦的

原因之一。但地球上還有許多其他原因，使我們會想研究大腦。例如，認識大腦如何運作，對醫學和心理健康有重要意義。解開大腦之謎，將成就真正的機器智能，而這種技術將像電腦那樣嘉惠社會的各個方面，將使我們有更好的方法教育孩子。但最終一切，還是回到我們獨特的智能上。我們是最聰明的物種，如果我們想明白我們是誰，就必須認識大腦如何創造出智能。在我看來，完成大腦的逆向工程和認識智能，是人類歷來最重要的科學探索。

我剛投入這項探索時，對新皮質的功能認識有限。我和其他神經科學家對大腦習得一個世界的模型有一些概念，但我們的概念是模糊的。我們不知道那個模型會是什麼樣子，也不知道神經元如何創造它。我們被實驗數據淹沒，因為沒有適當的理論框架，那些數據很難理解。

世界各地的神經科學家，此後已經取得重大進展。本書集中介紹我的研究團隊的發現，它們多數是令人驚訝的，例如新皮質並非只有一個世界模型，而是有約15萬個能夠建立模型的感覺運動系統，以及新皮質所做的一切都是以參考框架為基礎。

在本書的第一部，我闡述了關於新皮質如何運作和習得世界模型的新理論，我們稱為「千腦智能理論」。我希望我的闡述是清楚明白的，也希望你會覺得我的論點很有說服力。我曾思考是否寫完這

個部分就結束這本書；介紹認識新皮質的一個框架，其意義無疑足以撐起一本書。但是，認識大腦自然會引出其他重要問題，而這促使我繼續寫下去。

在本書的第二部，我解釋了為什麼我認為現今的AI並不是真的具有智能。真正的智能，要求機器像新皮質那樣習得一個世界的模型。我還說明了為什麼機器智能並不像許多人所想的那樣危及人類的存在；機器智能將是我們將創造的最有益的技術之一。一如所有其他技術，將會有人加以濫用，而我擔心這個問題甚於AI本身。機器智能本身，不會危及人類的存在，我認為其好處將遠遠大於壞處。

最後，在本書的第三部，我以智能和大腦理論的視角，審視人類的狀況。你很可能看得出來，我對未來有憂心。我關注人類社會的福祉，甚至關心我們這個物種的長期生存。我的目標之一是令更多人認識到，舊腦結合錯誤信念確實危及人類的存在，比許多人擔心的AI威脅危險得多。我討論了我們或許可用來降低我們所面臨風險的各種不同方法，當中有幾個要求我們創造出智慧型機器。

我寫這本書，是為了告訴大家，我和我的同事在智能和大腦研究方面發現了什麼。但除了分享這些資訊，我希望能夠說服一些讀者付諸行動。如果你還年輕或正在考慮轉行，請考慮投入神經科學和機器智能領域。世上沒什麼學科比它們更有趣、更

有挑戰性、更重要。但是，我必須警告你：如果你想進一步研究我在本書中提出的想法，或設法應用相關理論，你將會遇到很大的困難。神經科學和機器學習都是有巨大慣性的領域，我堅信我在本書闡述的原理，將在這兩個研究領域發揮核心作用，但這可能需要多年時間才會發生。在此期間，你將必須既堅定又機智。

我還有一項對所有人的呼籲：我希望有一天地球上人人都知道他們的大腦是如何運作的。對我來說，這應該是一種期望，類似這樣：「哦，你有一個大腦？關於大腦，你需要知道這些東西。」每一個人都應該知道的關於大腦的事情不多。我認為應該包括：大腦如何由一個新的部分和多個比較古老的部分構成；新皮質如何習得一個世界的模型，大腦比較古老的部分如何產生我們的情緒和比較原始的行為；舊腦可能如何控制我們，使我們出現我們知道不該有的行為；以及為什麼我們所有人都容易受到錯誤的信念影響，還有為什麼有些信念會像病毒那樣傳播。

我認為人人都應該知道這些東西，就像人人都應該知道地球繞著太陽轉，DNA分子為我們的基因編碼，以及恐龍曾在地球上存在超過一億年，但現在已經滅絕了那樣。這很重要，因為我們面臨的許多問題，從戰爭到氣候變遷，都是由錯誤的信念或

舊腦的自私欲望（或兩者結合）所造成的。如果每一個人都對自己大腦的運作有認識，我相信我們將可以減少衝突，而我們的未來也可以變得比較樂觀。

　　每一個人都可以為這種努力作出貢獻。如果你為人父母，請教導你的孩子認識大腦，就像你會舉起橘子和蘋果，教導你的孩子認識太陽系那樣。如果你是童書作家，請考慮創作關於大腦和信念的童書。如果你是教育工作者，想想可以如何將大腦理論納入核心課程中。現在，許多社區的標準中學課程包括遺傳學和DNA技術，我認為大腦理論同樣重要，甚至可能更重要。

我們是什麼？
我們如何來到這裡？
我們的命運是什麼？

　　幾千年來，我們的祖先一直在思考這些基本問題。這是很自然的。我們一覺醒來，發現自己身處複雜、神祕的世界。生命沒有說明書，也沒有歷史或背景故事向我們解釋一切。我們盡最大的努力去理解自己的處境，但在人類歷史的大部分時間裡，我們都是無知的。從幾百年前開始，我們開始能解答當中的一些基本問題。現在，我們已經認識所有

生物背後的化學原理，已經認識產生我們這個物種的演化過程，也知道我們這個物種將會繼續演化，而且很可能將在未來某個時候滅絕。

關於我們作為心智存在（mental beings），也有類似的問題可以思考：

是什麼使我們具有智能和自我意識？
我們這個物種如何變得有智能？
智能和知識的命運是什麼？

我希望我已經使你相信，這些問題是可以回答的，而且我們在解答這些問題方面，正取得極好的進展。我希望我也已經使你相信，我們除了關心我們這個物種的未來，也應該關心智能和知識的未來。我們優越的智能是獨一無二的，而據我們所知，人類的大腦是宇宙中唯一知道大宇宙存在的東西。它是唯一知道宇宙的大小、年齡和運行規律的東西。我們的智能和知識因此值得保存，而且它給了我們有天能夠解開一切謎團的希望。

我們是智人，有智慧的人類。希望我們有足夠的智慧，能認識到我們是多麼特別，能作出明智的抉擇，確保我們這個物種可以在地球上盡可能長期生存，確保智能和知識比人類存活更久──不但在地球上，還在宇宙各處。

推薦讀物

常有聽說過我們工作的人問我：如果想要進一步認識千腦理論和相關的神經科學，我會推薦閱讀什麼？這個問題通常會使我深嘆一口氣，因為沒有簡單的答案，而且說實話，神經科學的論文很難讀。在提出具體的閱讀建議之前，我想給大家一些一般性的建議。

神經科學是個很大的研究領域，即使你是非常熟悉它的某個子領域的科學家，也很可能發現，要讀懂另一個子領域的文獻並不容易。而如果你對神經科學完全陌生，可能連開始都很困難。

如果你想了解某個特定的題目，例如皮質柱或網格細胞，而你對該題目還不熟悉，我會建議你從維基百科這種資料來源開始。維基百科通常為一個主題提供多篇文章，你可以藉由點擊連結，在這些

文章之間迅速轉換。這是我所知道的感受一下相關術語、概念、主題之類的最快方式。你通常會發現，不同的文章有不同的意見，或者使用不同的術語。你會在經同儕評審的科學論文中發現類似的分歧，而且你通常必須閱讀多個來源的資料，以了解特定題目的已知事實。

如果你想要進一步了解，我建議你閱讀綜述文章（review articles）。綜述文章出現在同儕評審的學術期刊上，顧名思義是介紹特定題目研究概況的文章，會講述學者在哪些地方有分歧。綜述文章通常比一般論文容易閱讀。此外，參考文獻也很有價值，因為它一次列出了與某題目有關的多數重要論文。尋找綜述文章的一個好方法，就是利用「Google 學術搜尋」（Google Scholar）之類的搜尋引擎，輸入「review article for grid cells」（網格細胞綜述文章）之類的關鍵詞。

你必須對一個題目的學術用語、歷史和概念有所認識，我才會建議你閱讀個別科學論文。只看一篇論文的標題和摘要，就知道它是否含有你要找的資訊，是十分罕見的事。我通常會閱讀論文摘要，然後我會瀏覽圖片；在一篇寫得很好的論文中，圖片講述的故事應該與文字相同。然後我會跳到最後的討論部分，這往往是作者明確講述論文重點的唯一地方。只有在完成這些初步步驟之後，我才會考

慮從頭到尾閱讀論文。

下列是按題目分類的推薦讀物，每個題目都有數百至數千篇論文，所以我只能給你一些建議，幫助你開始閱讀。

皮質柱

千腦理論是建立在弗農・蒙卡索（Vernon Mountcastle）的這個設想上：皮質柱的結構和功能全都相似。下列第一項參考資料是蒙卡索最初的文章，他在當中提出了皮質柱共同演算法的概念。第二項參考資料是蒙卡索比較新的一篇論文，他在當中列出了支持其設想的許多實驗結果。第三項參考資料是丹尼爾・布克赫維登（Daniel Buxhoeveden）和曼紐爾・卡薩諾瓦（Manuel Casanova）寫的，是一篇相對易讀的綜述文章。雖然它主要是談微皮質柱，但討論了與蒙卡索的主張有關的各種論點和證據。第四項參考資料是艾力克斯・湯森（Alex Thomson）和克里斯多夫・拉米（Christophe Lamy）寫的，是一篇關於皮質解剖學的綜述文章。它完整概述了皮質細胞層和它們之間的原型連結，雖然很複雜，卻是我最喜歡的論文之一。

Mountcastle, Vernon. "An Organizing Principle for Cerebral Function: The Unit Model and the Distributed System." In *The Mindful Brain*, edited by Gerald M. Edelman and Vernon B. Mountcastle, 7–50. Cambridge, MA: MIT Press, 1978.

Mountcastle, Vernon. "The Columnar Organization of the Neocortex." *Brain* 120 (1997): 701–722.

Buxhoeveden, Daniel P., and Manuel F. Casanova. "The Minicolumn Hypothesis in Neuroscience." *Brain* 125, no. 5 (May 2002): 935–951.

Thomson, Alex M., and Christophe Lamy. "Functional Maps of Neocortical Local Circuitry." *Frontiers in Neuroscience* 1 (October 2007): 19–42.

皮質層級結構

下列第一篇論文是丹尼爾・費勒曼（Daniel Felleman）和大衛・范埃森（David Van Essen）寫的，就是我在第1章提到的那篇，它首度描述了獼猴新皮質區域的層級結構。我在這裡列出，主要是因為它的歷史意義，可惜它不是開放閱讀的文章。

第二項參考資料是克勞斯・希爾格泰戈（Claus Hilgetag）和亞力山德斯・高拉斯（Alexandros Goulas）寫的，它對新皮質的層級結構問題提出比較新的看法。作者列舉了視新皮質為嚴謹的層級結構的各種問題。

第三項參考資料是莫瑞・謝爾曼（Murray Sherman）和雷・吉勒里（Ray Guillery）的一篇論文，它認為兩個皮質區域對話，主要是經由大腦中

被稱為丘腦的部分。論文中的圖3很好地說明了這個觀點。謝爾曼和吉勒里的這個想法，經常被其他神經科學家忽視。例如，前述兩篇文章都沒有提到經由丘腦的連結。雖然我在這本書中沒有談到丘腦，但因為它與新皮質緊密相連，我視它為新皮質的延伸。我和我的同事在2019年那篇「框架」論文中，討論丘腦通路的一種可能解釋，後文將會提到。

Felleman, Daniel J., and David C. Van Essen. "Distributed Hierarchical Processing in the Primate Cerebral Cortex." *Cerebral Cortex* 1, no. 1 (January–February 1991): 1.

Hilgetag, Claus C., and Alexandros Goulas. "'Hierarchy' in the Organization of Brain Networks." *Philosophical Transactions of the Royal Society B: Biological Sciences* 375, no. 1796 (April 2020).

Sherman, S. Murray, and R. W. Guillery. "Distinct Functions for Direct and Transthalamic Corticocortical Connections." *Journal of Neurophysiology* 106, no. 3 (September 2011): 1068–1077.

何物路徑與何處路徑

在第6章，我講述了基於參考框架的皮質柱，可以如何應用在新皮質中的何物路徑與何處路徑上。第一篇論文是萊斯莉·安格萊德（Leslie Ungerleider）和詹姆斯·哈克斯比（James Haxby）

寫的，是關於這個題目的最早論文之一。第二篇論文是梅爾文・古代爾（Melvyn Goodale）和大衛・米爾納（David Milner）寫的，提出了比較現代的敘述。兩位作者在文章中指出，對何物路徑與何處路徑比較好的描述是「感知」和「行動」，但這篇論文並不開放閱讀。第三篇論文是喬瑟夫・勞徹克（Josef Rauschecker）寫的，可能是最易讀的一篇。

Ungerleider, Leslie G., and James V. Haxby. "'What' and 'Where' in the Human Brain." *Current Opinion in Neurobiology* 4 (1994): 157–165.

Goodale, Melvyn A., and A. David Milner. "Two Visual Pathways—Where Have They Taken Us and Where Will They Lead in Future?" *Cortex* 98 (January 2018): 283–292.

Rauschecker, Josef P. "Where, When, and How: Are They All Sensorimotor? Towards a Unified View of the Dorsal Pathway in Vision and Audition." *Cortex* 98 (January 2018): 262–268.

樹突棘波

在第4章，我討論了我們的這個理論：新皮質的神經元利用樹突棘波作預測。我在這裡列出討論這個題目的三篇綜述文章。第一篇是麥克・倫敦（Michael London）和邁可・豪瑟（Michael Häusser）寫的，可能是最易讀的一篇。第二篇是蘇丹・安蒂克（Srdjan D. Antic）等人寫的，與我們的理論更直

接相關,而蓋．梅傑(Guy Major)、馬修．拉克姆
(Matthew Larkum)和潔姬．席勒(Jackie Schiller)
合寫的第三篇也是。

London, Michael, and Michael Häusser. "Dendritic
    Computation." *Annual Review of Neuroscience* 28,
    no. 1 (July 2005): 503–532.
Antic, Srdjan D., Wen-Liang Zhou, Anna R. Moore,
    Shaina M. Short, and Katerina D. Ikonomu. "The
    Decade of the Dendritic NMDA Spike." *Journal of
    Neuroscience Research* 88 (November 2010): 2991–
    3001.
Major, Guy, Matthew E. Larkum, and Jackie Schiller.
    "Active Properties of Neocortical Pyramidal
    Neuron Dendrites." *Annual Review of Neuroscience*
    36 (July 2013): 1–24.

網格細胞與位置細胞

千腦理論的一個關鍵部分,是每一個皮質柱都
利用參考框架習得世界的模型。我們提出,新皮質
做這件事所利用的機制,類似內嗅皮質和海馬體中
的網格細胞與位置細胞所用的機制。我建議大家閱
讀或聆聽歐基夫和莫澤夫婦的諾貝爾講座,按演講
的時間順序閱讀。他們三人協調合作,為大眾提供
了關於位置細胞和網格細胞的極佳概述。

O'Keefe, John. "Spatial Cells in the Hippocampal
    Formation." Nobel Lecture. Filmed December

7, 2014, at Aula Medica, Karolinska Institutet, Stockholm. Video, 45:17. www.nobelprize.org/prizes/medicine/2014/okeefe/lecture/.

Moser, Edvard I. "Grid Cells and the Enthorinal Map of Space." Nobel Lecture. Filmed December 7, 2014, at Aula Medica, Karolinska Institutet, Stockholm. Video, 49:23. www.nobelprize.org/prizes/medicine/2014/edvard-moser/lecture/.

Moser, May-Britt. "Grid Cells, Place Cells and Memory." Nobel Lecture. Filmed December 7, 2014, at Aula Medica, Karolinska Institutet, Stockholm. Video, 49:48. www.nobelprize.org/prizes/medicine/2014/may-britt-moser/lecture/.

新皮質中的網格細胞

我們才開始看到新皮質中網格細胞機制的證據。在第6章，我講述了兩項fMRI實驗，提供人類的認知功能涉及網格細胞的證據。下列前兩篇論文講述了這些實驗，第三篇論文則講述了人類接受開腦手術產生的類似結果。

Doeller, Christian F., Caswell Barry, and Neil Burgess. "Evidence for Grid Cells in a Human Memory Network." *Nature* 463, no. 7281 (February 2010): 657–661.

Constantinescu, Alexandra O., Jill X. O'Reilly, and Timothy E. J. Behrens. "Organizing Conceptual Knowledge in Humans with a Gridlike Code." *Science* 352, no. 6292 (June 2016): 1464–1468.

Jacobs, Joshua, Christoph T. Weidemann, Jonathan F. Miller, Alec Solway, John F. Burke, Xue-Xin Wei, Nanthia Suthana, Michael R. Sperling, Ashwini D. Sharan, Itzhak Fried, and Michael J. Kahana. "Direct Recordings of Grid-Like Neuronal Activity in Human Spatial Navigation." *Nature Neuroscience* 16, no. 9 (September 2013): 1188–1190.

Numenta 關於千腦理論的論文

這本書提供了千腦理論的高層次概述，沒有談到許多細節。如果想知道更多內容，你可以閱讀我的實驗室發表的經同儕評審的論文。這些論文包含對千腦理論特定部分的詳細敘述，通常包括模擬資料和原始碼。我們的所有論文都開放閱讀，這裡簡單介紹最相關的幾篇。

下列這篇是我們的最新論文，也是最易讀的一篇。如果你想閱讀對完整的千腦理論及其部分涵義比較深入的敘述，最好先看這篇。

Hawkins, Jeff, Marcus Lewis, Mirko Klukas, Scott Purdy, and Subutai Ahmad. "A Framework for Intelligence and Cortical Function Based on Grid Cells in the Neocortex." *Frontiers in Neural Circuits* 12 (January 2019): 121.

接下來這篇論文，介紹了我們的這些想法：多數樹突棘波是作預測之用，而錐體神經元上90％的

突觸，是專門用來識別預測的脈絡。這篇論文也闡述了組織成微皮質柱的一層神經元，是如何創造出預測性順序記憶，並且解釋其他理論無法解釋的生物神經元的許多方面。這是一篇詳細的論文，內容包括相關模擬、我們的演算法的數學描述，以及取得原始碼的提示。

Hawkins, Jeff, and Subutai Ahmad. "Why Neurons Have Thousands of Synapses, a Theory of Sequence Memory in Neocortex." *Frontiers in Neural Circuits* 10, no. 23 (March 2016): 1–13.

在接下來這篇論文中，我們首次提出每一個皮質柱，都能習得整個物體的模型的想法。這篇論文還介紹了皮質柱表決的概念。這篇論文中的機制，是我們在2016年論文中介紹的預測機制的延伸。我們還推測，網格細胞的表現可能構成位置訊號的基礎，雖然我們還沒有研究出任何細節。這篇論文的內容，包括相關模擬、能力計算，以及我們的演算法的數學描述。

Hawkins, Jeff, Subutai Ahmad, and Yuwei Cui. "A Theory of How Columns in the Neocortex Enable Learning the Structure of the World." *Frontiers in Neural Circuits* 11 (October 2017): 81.

最後這篇論文，延伸了我們2017年的論文，

詳細說明了網格細胞可以如何形成對位置的表述。它解釋了這種位置可以如何預測即將到來的感官輸入，提出了模型與新皮質六層中的三層的映射。這篇論文的內容，包括相關模擬、能力計算，以及我們的演算法的數學描述。

Lewis, Marcus, Scott Purdy, Subutai Ahmad, and Jeff Hawkins. "Locations in the Neocortex: A Theory of Sensorimotor Object Recognition Using Cortical Grid Cells." *Frontiers in Neural Circuits* 13 (April 2019): 22.

謝辭

雖然我是本書的掛名作者,這本書和千腦理論是許多人創造出來的。我想告訴大家他們是誰和扮演了什麼角色。

千腦理論

自Numenta成立以來,有超過一百名員工、博士後研究員、實習生和訪問科學家在這裡工作過。每個人都以某種方式,對我們的研究和論文作出了貢獻。如果你是這個群體的一員,我感謝你。

有幾個人值得特別提及。蘇布泰·阿邁德(Subutai Ahmad)博士十五年來一直是我的科研夥伴。除了管理我們的研究團隊,他還為我們的理論作出貢獻、創造相關模擬,以及推導出支撐我們的研究的大部分數學。如果沒有蘇布泰,我

們在Numenta不可能取得這些進展。馬克思・路易斯（Marcus Lewis）也對千腦理論作出了重要貢獻。馬克思經常承擔困難的科學任務，提出出人意表的想法和深刻的見解。路易斯・謝克曼（Luiz Scheinkman）是才華洋溢的軟體工程師，對我們的所有工作都有重要貢獻。史考特・博地（Scott Purdy）和崔彧瑋（Yuwei Cui）博士也對我們的理論和相關模擬有重要貢獻。

在紅杉神經科學研究所和Numenta，泰力・福萊（Teri Fry）都是我的工作夥伴。泰力專業地管理我們的辦公室，維持一家科研企業順暢運作所需要的一切。麥特・泰勒（Matt Taylor）負責管理我們的線上社群，他是開放科學和科學教育的倡導者，以令人意外的方式促進了我們的科研工作。例如，他促使我們線上直播我們的內部研究會議；據我所知，這是開創先河之舉。科研資訊應該免費開放給所有人。我想感謝SciHub.org，這個組織為那些負擔不起的人，提供已發表的研究資料。

唐娜・杜賓斯基（Donna Dubinsky）既不是科學家也不是工程師，但她的貢獻無與倫比。我們已經一起工作了接近三十年。唐娜曾是Palm的執行長、Handspring的執行長、紅杉神經科學研究所董事長，現在是Numenta的執行長。唐娜和我第一次見面時，我嘗試說服她出任Palm的執行長。在她

作出決定之前，我告訴她，我的終極追求是大腦理論，而Palm是我實現那個目標的手段，因此幾年之後，我將尋找時機離開Palm。換作是其他人，可能在那一刻轉身離去，或者堅持要我承諾無限期留在Palm。但唐娜將我的使命，當成她的使命的一部分。她管理Palm時，經常告訴我們的員工，我們必須使公司業務成功，這樣我才可以去追逐我的大腦理論夢想。可以毫不誇張地說，如果不是唐娜在我們相遇的第一天，就支持我的神經科學使命，我們在行動運算領域取得的成就，以及我們在Numenta取得的科學進步，全都不會發生。

這本書

我花了十八個月寫這本書，我每天早上七點左右到辦公室，然後寫到早上十點左右。雖然寫作本身是孤獨的工作，但我在這個過程中一直有個夥伴和教練，她是我們的行銷副總裁克莉絲蒂·瑪福（Christy Maver）。雖然她之前沒有寫書的經驗，但她在工作中學習，成了我不可或缺的夥伴。她培養出一種技能，可以看出我在哪些地方應該少說一些，哪些地方應該多說一些。她幫助我組織寫作過程，並帶領我們的員工審閱這本書。雖然這本書是我寫的，但她在整個過程中貢獻巨大。我在Basic Books的編輯艾瑞克·漢尼（Eric Henney）和文字

編輯伊莉莎白・黛娜（Elizabeth Dana）提出了許多建議，使這本書變得更明晰和可讀。詹姆斯・李文（James Levine）是我的出版經紀人，我極力推薦他的服務。

我要感謝理查・道金斯博士為本書寫了寬厚和令人愉快的序言。他對基因和迷因的洞見，對我的世界觀產生了深遠的影響，對此我很感激。如果我可以選一個人為本書寫序，那就是他；我很榮幸他真的寫了。

我的太太珍妮特・史特勞斯（Janet Strauss）在我寫出本書各章時就看了。我根據她的建議，做了一些結構上的調整。更重要的是，她一直是我生命旅程中的完美伴侶。我們一起決定傳播我們的基因，結果生了凱特（Kate）和安（Anne）這兩個女兒，她們使我們在這個世界上的短暫旅程歡喜得無法形容。

我們是智人，有智慧的人類。希望我們有足夠的智慧，能認識到我們是多麼特別，能作出明智的抉擇，確保我們這個物種可以在地球上盡可能長期生存，確保智能和知識比人類存活更久──不但在地球上，還在宇宙各處。

星出版 科技創新 S&T 001

千腦智能新理論
A Thousand Brains:
A New Theory of Intelligence

作者 —— 傑夫・霍金斯 Jeff Hawkins
譯者 —— 許瑞宋

總編輯 —— 邱慧菁
特約編輯 —— 吳依亭
校對 —— 李蓓蓓
封面完稿 —— 李岱玲
原文書封設計 —— Hachette Book Group, Inc.
內頁排版 —— 立全電腦印前排版有限公司

讀書共和國出版集團社長 —— 郭重興
發行人 —— 曾大福
出版 —— 星出版／遠足文化事業股份有限公司
發行 —— 遠足文化事業股份有限公司
　　　　231 新北市新店區民權路 108 之 4 號 8 樓
　　　　電話：886-2-2218-1417
　　　　傳真：886-2-8667-1065
　　　　email: service@bookrep.com.tw
　　　　郵撥帳號：19504465 遠足文化事業股份有限公司
　　　　客服專線 0800221029
法律顧問 —— 華洋國際專利商標事務所 蘇文生律師
製版廠 —— 中原造像股份有限公司
印刷廠 —— 中原造像股份有限公司
裝訂廠 —— 中原造像股份有限公司
登記證 —— 局版台業字第 2517 號

出版日期 —— 2023 年 05 月 04 日第一版第一次印行
定價 —— 新台幣 480 元
書號 —— 2BST0001
ISBN —— 978-626-96721-6-5

星出版讀者服務信箱 —— starpublishing@bookrep.com.tw
讀書共和國網路書店 —— www.bookrep.com.tw
讀書共和國客服信箱 —— service@bookrep.com.tw
歡迎團體訂購，另有優惠，請洽業務部：886-2-22181417 ext. 1132 或 1520

國家圖書館出版品預行編目（CIP）資料

千腦智能新理論／傑夫・霍金斯（Jeff Hawkins）著；許瑞宋 譯.
第一版 . – 新北市：星出版，遠足文化事業股份有限公司，
2023.05
352 面；15x21 公分 . – （科技創新 S&T 001）.
譯自：A Thousand Brains: A New Theory of Intelligence
ISBN 978-626-96721-6-5(平裝)

1.CST：腦部 2.CST：智力 3.CST：神經學

394.911　　　　　　　　　　　　　　　112005743

新觀點
新思維
新眼界